AIGC
绘画精讲

Midjourney+Stable Diffusion+ChatGPT

从入门到精通

未蓝文化 编著

中国青年出版社

图书在版编目（CIP）数据

AIGC 绘画精讲: Midjourney+Stable Diffusion+ChatGPT 从入门到精通/未蓝文化编著. — 北京: 中国青年出版社，
2024.8
ISBN 978-7-5153-7304-1

I. ① A… II. ① 未 … III. ① 图像处理软件 IV. ① TP391.413

中国国家版本馆 CIP 数据核字（2024）第 099368 号

侵权举报电话

全国"扫黄打非"工作小组办公室　　　　中国青年出版社
010-65212870　　　　　　　　　　　　010-59231565
http://www.shdf.gov.cn　　　　　　　　E-mail: editor@cypmedia.com

AIGC 绘画精讲：
Midjourney+Stable Diffusion+ChatGPT 从入门到精通

编　　著：未蓝文化

出版发行：中国青年出版社
地　　址：北京市东城区东四十二条 21 号
网　　址：www.cyp.com.cn
电　　话：010-59231565
传　　真：010-59231381
编辑制作：北京中青雄狮数码传媒科技有限公司
责任编辑：张君娜
策划编辑：张鹏　张沣
封面设计：乌兰

印　　刷：北京博海升彩色印刷有限公司
开　　本：787mm x 1092mm　1/16
印　　张：13.5
字　　数：382 千字
版　　次：2024 年 8 月北京第 1 版
印　　次：2024 年 8 月第 1 次印刷
书　　号：ISBN 978-7-5153-7304-1
定　　价：108.00 元

本书如有印装质量等问题，请与本社联系
电话: 010-59231565
读者来信: reader@cypmedia.com
投稿邮箱: author@cypmedia.com

前 言

AIGC，全称为Artificial Intelligence Generated Content，意为人工智能生成内容，是一种利用人工智能技术来自动产生各种形式和风格内容的技术。

近年来，AIGC技术取得了一系列令人瞩目的进展，不但让AI生成内容的质量得到了飞跃式的提升，还让相关技术的门槛与成本都大幅降低，成为普通人也能学习和使用的工具。此外，AI绘画技术也取得了令人瞩目的进步，并随Midjourney和Stable Diffusion等绘画产品的发布进入大众视野，迅速引起了广泛关注。

围绕AIGC的话题，目前存在着很多争论。但无论如何，我们都不可否认AIGC已经是一件不容忽视的新兴事物，并正以惊人的速度改变着艺术创作的形式和未来。各类优质的AI绘画作品与平台逐渐出现在大众的视野中，各大厂商也逐渐将AI绘画引进自己的工作流程，大大简化原本烦琐的工作流程，打破了人工操作的局限性，提升了各设计行业的工作效率。AI绘画已经成为未来的发展趋势。

扫描二维码看
本书配套教学视频

本书以实际操作为导向，用ChatGPT+Midjourney +Stable Diffusion来充分释放读者的想象力，展现视觉创意的无限可能性。本书详细讲解了基于ChatGPT、Midjourney、Stable Diffusion进行AI绘画的完整学习路线，包括提示词的提问、绘画技巧、图片生成、提示词编写、参数描述、模型训练等，同时搭配了丰富的实际操作案例。整本书内容全面、详尽且深入浅出，实用性很强。

本书共13章，具体内容如下。

第1章详细介绍了AIGC的发展、技术能力和应用领域。第2章为ChatGPT关键词的提问技巧，带领读者入门ChatGPT，具体内容包括ChatGPT的入门操作、关键词提问、生成AI绘画关键词技巧等。第3章将带领读者认识Midjourney，包括Midjourney的应用、安装方法、账号注册、基本操作等。第4章为Prompt的应用指南，带领读者掌握Prompt的应用技巧，引导AI提供精准、高效的解答，具体讲解了指令包括的内容、生成内容描述、风格描述、构图描述、参数描述以及与ChatGPT的结合等。第5

章介绍Midjourney的进阶应用，包括基于参考图片的图片生成、Remix的应用、Seed的应用等。第6章将带领读者认识Stable Diffusion，包括Stable Diffusion的应用特点、安装与汉化、基本操作、图片的保存与导出等。第7章介绍文生图与提示词的应用技巧，包括提示词的概念和基本逻辑、提示词的语法以及生成图片的参数设置等。第8章介绍图生图的应用技巧，包括图生图的概念、基本逻辑、基本方法、随机种子的应用、二次元化图的生成、风景"拟人化"图的生成等。第9章介绍模型的应用，包括模型的概念、模型文件的格式以及LoRA模型的加载和使用等。

第10～12章通过游戏角色模型插画、水墨风格插画和原画场景插画的实现，系统展示了基于ChatGPT、Stable Diffusion、Midjourney进行AI绘画的综合应用，为读者提供新的设计思路和工作方法。

第13章快速了解了Sora文本转视频这一强大的AI模型，了解了Sora的概念、技术特点、工作原理、功能以及不足之处。Sora为视频制作带来了无限可能，也标志着人工智能在理解真实世界场景并与之互动的能力方面实现了飞跃。

本书特色如下。

◎ 本书针对零基础人群进行编写，读者无须具备任何软件编程基础，只需熟练操作计算机即可。

◎ 本书的写作风格简洁明了，通俗易懂，并结合丰富的实例，使读者更容易理解人工智能的原理和应用。

◎ 本书包含大量生成图片的实践案例，展示了大量具有代表性的提示语，能够让读者举一反三，轻松应用到自己的工作中。

◎ 本书详细介绍了人工智能在实际应用中的一些技巧和注意事项，能够帮助读者更好地应用人工智能技术，提高工作效率和质量。

本书既可以作为艺术创作者的工具书，又可以作为插画师、平面设计师、UI设计师和其他行业设计师的参考用书，还可以作为高等院校或培训机构开展AI绘画教学、培训的教材。

本书旨在以深入浅出的方式教会读者基本的AI绘画方法，并逐渐拓展到AI绘画的实际应用。希望本书能带领读者掌握一门新技能，以提升工作效率。同时，希望读者能够在学习过程中不断实践，只有在实践中才能发现更多问题，进而提升自己。最后，遇到困难可以积极求助于互联网，不要止步不前。

本书在写作过程中力求谨慎，但因时间和精力有限，不足和错误之处在所难免，敬请广大读者批评指正。

编者

目　录

I

第3章 认识Midjourney

第4章 Prompt指南

第5章　Midjourney的进阶

第6章　认识Stable Diffusion

第7章　文生图与提示词的应用

第8章　图生图

第9章　模型的应用

第10章　游戏角色模型的插画

第11章　水墨风格的插画

第12章　原画场景的插画

第13章　Sora的诞生：AI视频技术的革命之旅

第1章

AIGC 的发展、技术能力和应用领域

生成式人工智能——AIGC（Artificial Intelligence Generated Content）是指基于生成对抗网络、大型预训练模型等人工智能的技术方法，通过已有数据的学习和识别，以适当的泛化能力生成相关内容的技术。

AIGC技术的核心思想是利用人工智能算法生成具有一定创意和质量的内容。通过训练模型和大量数据的学习，AIGC可以根据输入的条件或指导，生成与之相关的内容。例如，通过输入关键词、描述或样本，AIGC可以生成与之相匹配的文章、图像、音频等。

在应用上，AI绘画技术于过去几年中取得了令人瞩目的进步，并随Midjourney和Stable Diffusion等绘画产品的发布进入大众视野，迅速引起了广泛的关注。仿佛就在一夜之间，很多人都开始谈论AI绘画，人们一边惊叹于它出色的能力，一边又担心它可能带来的冲击。本章将对AIGC的发展历程、关键技术能力和应用领域等进行介绍。

1.1　AIGC的发展历程

　　20世纪50年代，被誉为"计算机科学之父"和"人工智能先驱"的艾伦·图灵在发表的论文《计算机与智能》中提出机器智能的可能性和测试方法——后被称为"图灵测试"。早期的尝试侧重于通过让计算机生成照片和音乐来模仿人类的创造力，但生成的内容无法达到高水平的真实感。

　　2018年10月25日，在佳士得拍卖会上，由AI创作的人物肖像《埃德蒙·贝拉米肖像》（*Portrait of Edmond Belamy*）拍出了43.25万美元的价格并成交，如图1-1所示。这是艺术史上第一幅在大型拍卖行被成功拍卖的AI画作，引发了各界关注。随着人工智能越来越多地应用于内容创作，AIGC的概念也悄然兴起。不过真正让AIGC成为大众焦点的是2022年出现的文本生成图像工具Midjourney和对话机器人ChatGPT。

图1-1　AI创作的人物肖像《埃德蒙·贝拉米肖像》

　　2022年，OpenAI让公众开始试用ChatGPT，发布仅5天，用户数量就突破了100万。发布两个月后，ChatGPT的用户数量突破了1亿，成为有史以来用户数量增长最快的产品。

　　本章将介绍AIGC的发展历程、关键技术能力和应用领域。

1.1.1　早期萌芽阶段：1950～1990

　　1956年，"人工智能"（AI）这一术语首次被提出，也标志着这门新学科的正式诞生。受限于当时的科技水平，AIGC仅限于小范围实验。

1957年，莱杰伦·希勒（Lejaren Hiller）和伦纳德·艾萨克森（Leonard Isaacson）通过将计算机程序中的控制变量改为音符，让程序进行符合规则的作曲，从而完成了历史上第一部由计算机创作的音乐作品——弦乐四重奏《依利亚克组曲》（*Illiac Suite*）。

1966年，约瑟夫·韦岑鲍姆（Joseph Weizenbaum）和肯尼斯·科尔比（Kenneth Colbv）共同开发了世界上第一个聊天机器人"伊莉莎（Eliza）"，该机器人能针对特定的关键词和短语做出回应，通过模拟人类对话的方式，实现了计算机与人之间的自然语言交互。与"伊莉莎（Eliza）"进行对话的效果如图1-2所示。

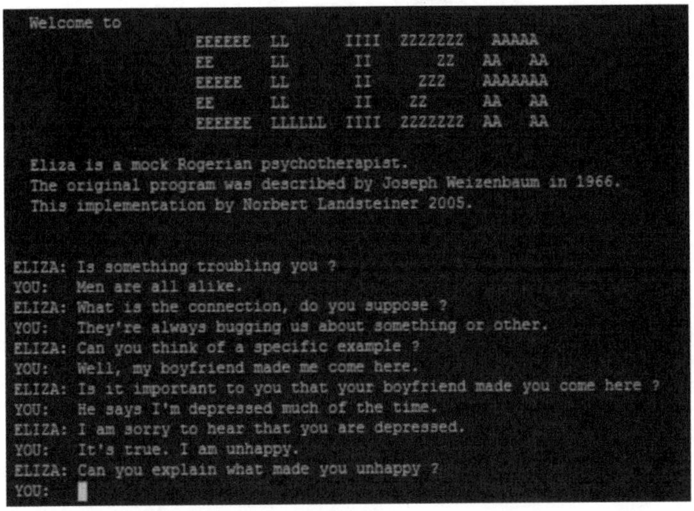

图1-2 与"伊莉莎（Eliza）"进行对话

20世纪80年代中期，IBM基于隐形马尔科夫链模型（Hidden Markov Model, HMM）创造了能够处理两万个单词的语音控制打字机"坦戈拉（Tangora）"，这是早期语音识别技术应于实际的例子。

在该阶段，由于高昂的系统成本，而且无法带来可观的商业价值，因此人工智能领域的投入持续减少。

1.1.2 沉积积累阶段：1990～2010

在该阶段，AIGC从实验性向实用性逐渐转变，但算法仍陷于瓶颈，无法直接生成内容，因此应用有限。2006年，深度学习算法、图形处理单元（GPU）、张量处理器（TPU）和训练数据规模等都取得了重大突破，而且互联网兴起，数据规模快速膨胀，使人工智能的发展取得了显著的进步。

2007年，纽约大学人工智能研究员罗斯·古德温（Ross Goodwin）装配的人工智能系统通过对公路旅行中的所见所闻进行记录，撰写出了世界上第一部完全由人工智能创作的小说 *1 The Road*，但整体可读性不强。*1 The Road* 小说如图1-3所示。

2012年，微软公开展示了一个全自动同声传译系统，通过深度神经网络（DNN）自动将英文演讲者的内容用语音识别、语言翻译、语音合成等技术生成中文语音。

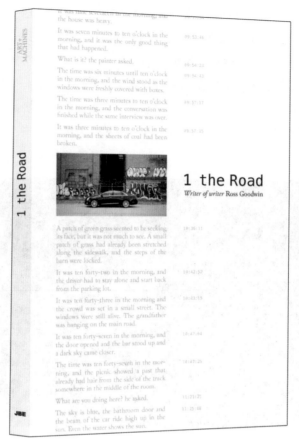

图1-3　*1 The Road* 小说

1.1.3　快速发展阶段：2010～至今

随着深度学习模型不断迭代，AIGC取得了突破性进展，在内容生成、智能创作等方面取得了显著进步。同时，越来越多的创业公司和投资机构开始关注AIGC领域，推动了其进一步发展壮大。尤其在2022年，算法获得井喷式发展，底层技术的突破也使得AIGC商业落地成为可能。下面列举一些具有代表性的算法模型，主要集中在AI绘画领域。

2014年6月，生成对抗网络（Generative Adversarial Network，GAN）被提出。

2018年，英伟达发布的StyleGAN模型可以自动生成图片。

2019年，DeepMind发布了DVD-GAN模型用以生成连续视频，在草地、广场等明确场景表现突出。

2021年2月，OpenAI推出了CLIP（Contrastive Language-Image Pre-Training），即多模态预训练模型。

2022年，扩散模型Diffusion Model逐渐替代GAN。

2022年，OpenAI推出的ChatGPT-4受到了世界追捧。

1.2 AIGC的关键技术能力

实现AIGC更加智能化、实用化的三大要素是数据、算力、算法，如图1-4所示。只有这三个要素同时满足，才能加快人工智能的发展。

图 1-4 AIGC 的三要素

1.2.1 数据

数据是用于训练AI的，也就是AI通过大量的数据去学习算法的参数与配置，使得AI的预测结果与实际的情况吻合。用于训练AI的数据越多，AI的算法能力越强。数据在人工智能中不可或缺，是培养和训练机器学习和深度学习模型的关键资源。这里的数据是指经过标注的数据，不是杂乱的数据。

AIGC的核心基础包括以下内容：

◎ 存储：集中式数据库、分布式数据库、云原生数据库、向量数据库。

◎ 来源：用户数据、公开域数据、私有域数据。

◎ 形态：结构化数据、非结构化数据。

◎ 处理：筛选、标注、处理、增强等。

在数据方面，AICG关注以下内容。

（1）数据收集与处理

AIGC数据涵盖了多个领域，因此数据的收集范围也涉及多个领域，主要包括自然语言处理、计算机视觉、机器学习、数据挖掘、增强现实（AR）、虚拟现实（VR）等。数据的收集还来自多个数据源，如传感器数据、社交媒体数据、在线新闻、电子商务平台等。

AIGC关注数据的质量和准确性，包括数据清洗、去噪、归一化、标准化等预处理步骤，以确保数据的可用性和可靠性。

（2）数据标注与注释

AIGC数据需要进行详细的标签和注释标注，以支持各种人工智能算法的训练和测试，包括分类、回归、聚类、语义分割、物体检测、动作识别等任务。

AIGC提供了多模态数据，包括文本、图像、视频、声音等，以支持跨领域和跨模态的人工智能应用研究和开发。

（3）数据分析

AIGC能够分析大量的数据，识别模式和趋势，并提供关键的见解和建议。这种能力在多个领域都有应用，例如，政府可以利用AIGC提供的信息来改善公共服务和解决社会问题等。

（4）隐私保护与安全性

AIGC在数据安全与隐私保护方面也发挥了重要作用。AIGC可以通过分析网络流量、识别异常行为和威胁，来帮助防止网络攻击和数据泄漏，从而确保数据的安全。

1.2.2　算力

AIGC算力是指用于计算人工智能任务的计算资源。这种算力模型利用计算机的处理能力来完成复杂的人工智能任务，如图像识别、自然语言处理和机器学习等。

而为AIGC提供基础算力的平台，包括半导体（CPU、GPU、DPU、TPU、NPU）、服务器、大模型算力集群、基于IaaS搭建分布式训练环境、自建数据中心部署。

（1）AIGC算力的应用场景

AIGC算力在众多领域都有广泛的应用。

◎ 在文学创作方面，AIGC通过对大量文本的学习，能够生成新的新闻、小说和诗歌等。

◎ 在艺术创作领域，AIGC可以生成新的图像和艺术作品等。

◎ 在医疗领域，AIGC可以生成不同年龄、性别和病症的虚拟病人数据，帮助医学研究者评估治疗效果和设计治疗方案。

◎ AIGC还广泛应用于虚拟现实领域，可以生成虚拟场景和人物等。

（2）AIGC算力的技术挑战

尽管AIGC算力在许多方面展现了强大的能力，但它也面临着一些技术挑战。以下列举关于技术挑战的部分内容。

◎ 人工智能模型训练需要大量的计算资源，包括CPU、GPU和TPU等，如何有效地分配和利用有限的计算资源，满足大规模和高并发的计算需求，是一个重要的技术挑战。

◎ 如何有效地进行数据并行和模型并行计算，提高计算效率和模型训练速度，是一个关键的技术问题。

◎ 如何有效地进行算法优化和计算模型压缩，提高计算效率和节能减排，是一个重要的技术挑战。

◎ 如何实现硬件与软件的协同优化，充分发挥计算硬件的潜能，提高计算效率和性能，是一个紧迫的技术问题。

◎ 如何设计和实现高效的任务调度策略，根据任务的优先级和计算资源的利用率，实现动态资源的分配和调度，是一个复杂的技术挑战。

◎ 如何实现云计算与边缘计算的有效融合，实现计算负载均衡和任务的智能分发，提高应用的响应速度和计算效率，是一个紧迫的技术挑战。

◎ 在云计算和边缘计算环境中，如何保证数据的安全性和隐私性，防止数据泄露和非法访问，是一个关键的技术问题。

◎ 如何采用先进的节能减排技术，降低计算资源的能耗和碳排放，实现经济效益增长和环境保护的双重目标，是一个重要的技术挑战。

（3）AIGC算力的未来趋势

随着技术的不断进步和应用场景的不断拓展，AIGC算力呈现出了几个明显的未来趋势。首先，AIGC算力将呈现指数级增长，满足不断增长的计算需求。其次，边缘计算在AIGC算力中将发挥越来越重要的作用，随着物联网和5G技术的普及，越来越多的数据将在边缘侧产生和处理。此外，随着技术的不断创新和优化，AIGC算力将在更多领域得到应用，并为人类社会带来更多的便利和价值。

1.2.3　算法

AIGC在算法方面聚焦于推动和促进人工智能算法的创新和发展，涵盖了多个领域，包括机器学习、深度学习、自然语言处理、计算机视觉、强化学习、迁移学习等。

（1）机器学习与深度学习算法

AIGC关注各种机器学习算法，包括决策树、支持向量机、随机森林、K-均值聚类、高斯混合模型等，以及深度学习算法，如卷积神经网络（CNN）、循环神经网络（RNN）、变换器（Transformer）等。

AIGC通过研究和开发各种模型结构和优化算法，包括网络结构设计、参数初始化、激活函数、正则化技术、优化器等，提高模型的性能和泛化能力。

（2）自然语言处理（NLP）算法

AIGC关注文本数据的处理和分析，通过研究和开发文本分类、情感分析、命名实体识别等算法，以支持自然语言处理的各种应用。

AIGC通过研究和开发机器翻译、问答系统、对话模型等算法，以提高自然语言处理的翻译、问答和对话的质量和效率。

（3）计算机视觉算法

AIGC通过关注图像数据的处理和分析，研究和开发图像分类、物体检测、图像分割等算法，以支持计算机视觉的各种应用。

AIGC通过研究和开发人脸识别、行为识别、场景理解等算法，以提高计算机视觉的人脸识别、行为识别和场景理解的准确性和稳定性。

（4）强化学习与迁移学习算法

AIGC通过关注强化学习的基础理论和应用，研究和开发各种强化学习算法，如Q学习、深度强化学习、策略梯度等，以支持强化学习的各种应用场景，如游戏、机器人、自动驾驶等。

AIGC通过研究和开发迁移学习的算法和技术，如预训练模型、迁移学习策略、知识蒸馏等，以提高模型的泛化能力和学习效率。

（5）模型解释与可解释性

AIGC通过关注模型的解释性和可视化，研究和开发模型解释和可视化的技术和方法，以增强人们对模型的理解和信任。

AIGC通过研究和开发模型的公平性、鲁棒性和可靠性的算法和技术，以确保模型的公平、稳健和可靠的性能。

数据、算力和算法三个要素在人工智能中缺一不可，如果没有合适的算法，则理论上不能解决问题；如果没有大量的数据，则无法训练神经网络；如果没有高性能的算力，则训练过程将会极度缓慢或无法进行。

1.3 AIGC的应用领域

AIGC的应用领域非常广泛，涵盖了创作、教育、娱乐、医疗、商业、智慧城市和物联网等多个方面。

在创作领域，主要包括文本生成、图像生成和音视频创作。首先，AIGC可以生成逼真的自然语言文本，为作家等内容创作者提供了全新的创作方式。其次，利用如Stable Diffusion等模型，用户可以使用文本提示词生成绘画作品，实现个性化的艺术创作。最后，语音合成技术可以生成逼真的语音，用于虚拟助手和语音翻译。在创作领域，百度、阿里和华为云等公司都有相关应用。

在娱乐领域，主要包括电影与游戏。AIGC为电影和游戏带来了新的可能性，可用于生成虚拟角色、场景和动画，以及改进电影和游戏的制作。例如，某些游戏公司已经开始利用AIGC技术来优化游戏性能和用户体验。

在教育领域，主要体现在智能教学上。AIGC在教育领域的应用正在逐渐普及，例如，通过智能对话系统提高用户与AI之间的交互体验，从而提升教学效果。科大讯飞和云从科技等公司在智慧教育领域有显著的贡献。

在医疗领域，主要体现在知觉影像分析和个性化治疗与药物研发上。AIGC研究和开发计算机视觉算法，能用于医学影像分析，如MRI、CT扫描图像的分析和诊断，支持医生进行疾病检测和治疗方案制定。AIGC利用机器学习算法和深度学习算法，分析患者的基因、生理和生化数据，可以实现个性化治疗和药物研发，提高治疗效果和患者生活质量。

在商业领域，主要用于智慧客服。AIGC技术被广泛应用于智慧客服领域，提供24小时在线的客户服务，以提高客户满意度。在这方面，百度、阿里和华为云等公司都有显著的实践。

在智慧城市和物联网领域，主要应用于城市管理和智能交通、物联网设备管理。AIGC通过研究和开发机器学习算法和计算机视觉算法，分析城市数据和交通数据，实现智慧城市管理和智能交通系统，提高了城市运行效率和居民生活质量。AIGC还利用机器学习算法和强化学习算法，研究和开发物联网设备管理和优化，提高了物联网设备的管理效率和服务质量。

第 2 章

ChatGPT 提示词的提问技巧

ChatGPT（Chat Generative Pre-trained Transformer），是OpenAI研发的一款聊天机器人程序，于2022年11月30日发布。ChatGPT是人工智能技术驱动的自然语言处理工具，能够基于在预训练阶段所见的模式和统计规律，生成回答，还能根据聊天的上下文进行互动，像人类一样聊天交流，甚至能完成撰写论文、邮件、脚本、文案、代码等任务。

ChatGPT受到关注的重要原因是其引入了新技术RLHF（Reinforcement Learning from Human Feedback，人类反馈强化学习），RLHF解决了生成模型的一个核心问题，即如何让人工智能模型的产出和人类的常识、需求、价值观保持一致。ChatGPT是AIGC技术进展的成果，该模型能够促进利用人工智能进行内容创作的形成发展，提升内容生产效率与丰富度。

2.1　ChatGPT的入门操作

ChatGPT是一个AI聊天机器人，其背后是十分庞大的语言模型，是由OpenAI公司通过基于8000亿个单词的语料库（或45TB的文本数据）训练出来的，包含了1750亿个参数。8000亿个单词是ChatGPT的训练数据，1750亿个参数是ChatGPT从这些训练数据中所学习、沉淀下来的内容。

ChatGPT最大的特点是能够像人一样聊天，回答我们提出的各种问题，并根据从海量数据中搜索后得到的内容以及掌握的知识提供信息和建议，完成指定的任务。接下来，我们一起来学习ChatGPT的入门操作。

2.1.1　ChatGPT 的账号注册与登录

ChatGPT的使用主要是在网站中进行的。要想使用ChatGPT，首先需要创建一个ChatGPT的账号，具体操作步骤如下。

步骤01 进入ChatGPT的官方网站并注册账号，其网站页面如图2-1所示。然后单击页面右上角的"Try ChatGPT"按钮。

图 2-1　ChatGPT 的网站界面

步骤02 进入ChatGPT的账号登录和注册界面后，单击注册界面右下方的"Sign up"（注册）按钮，如图2-2所示。

图 2-2　ChatGPT 账号登录和注册界面

步骤03 进入到注册界面，使用邮箱进行ChatGPT账号的注册，如图2-3所示。

步骤04 填入邮箱地址后单击"继续"按钮，进入到设置密码的步骤并设置密码，如图2-4所示。

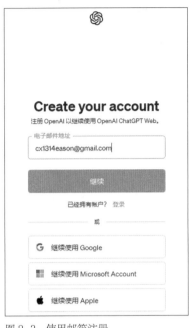

图 2-3 使用邮箱注册

图 2-4 设置 ChatGPT 的密码

小提示：注册邮箱

注册ChatGPT最好使用国外的邮箱，图2-3中使用的是谷歌邮箱（@gmail）。用户可以自行注册一个谷歌邮箱。

步骤05 设置好密码后单击"继续"按钮，ChatGPT就会向注册时填写的邮箱发送验证。然后进入该邮箱进行验证，如图2-5所示。

图 2-5 进入邮箱验证

步骤06 打开验证邮件后，进入到邮箱验证的界面，单击绿色的"Verify email address"（验证电子邮件地址）按钮，如图2-6所示。之后会跳转回ChatGPT的注册界面，并完成验证操作。

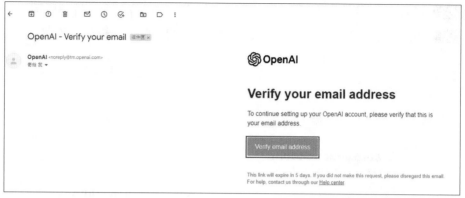

图 2-6　单击 "Verify email address" 按钮

步骤07 验证完成后，填写FUll name（用户名）和Birthday（出生日期）等用户个人信息，如图2-7所示。

步骤08 输入完个人信息后，进入到验证阶段。该阶段中有7个简单的测试，通过验证测试后账号就注册成功了，如图2-8所示。

图 2-7　填写用户信息

图 2-8　账号验证

步骤09 注册完成后就可以进入到ChatGPT的使用界面，如图2-9所示。

图 2-9　ChatGPT 的使用界面

步骤10 如果进入的是英文界面，则需要手动将语言设置为中文。我们可以单击ChatGPT使用界面右下角的个人图标，然后选择"设置"选项进行设置，如图2-10所示。

步骤11 接下来打开"设置"面板，在"语言环境"下拉列表中选择"简体中文"选项，这样ChatGPT的界面语言就被设置为中文了，如图2-11所示。

图 2-10 选择"设置"选项

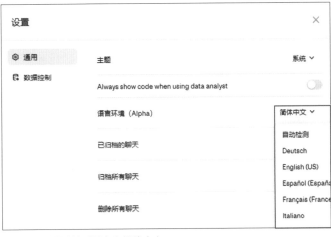

图 2-11 设置界面语言为简体中文

小提示：ChatGPT支持中文提问

ChatGPT可以根据用户输入的提问语言生成相同语言的文章，不需要只使用英文提问。这也是ChatGPT智能的地方之一。

步骤12 在用户图标的上方有升级套餐的服务，新注册的用户可以免费使用ChatGPT3.5，而升级到ChatGPT4则需要支付额外的费用，如图2-12所示。

图 2-12 升级套餐界面

2.1.2　ChatGPT 的使用技巧

要使用ChatGPT，只需要在ChatGPT界面下方的聊天框中发送消息给ChatGPT即可，如图2-13所示。发送消息后很快就可以得到ChatGPT的回复。

这里我们如果要提问ChatGPT关于它自身的详细信息，则直接在聊天框中输入问题，然后按下回车键。片刻后，便能得到ChatGPT的回复，如图2-14所示。

图 2-13　发送消息给 ChatGPT

图 2-14　提问并得到 ChatGPT 的回复

ChatGPT的使用方法十分简单，但是如果没有专业的询问技巧，ChatGPT可能无法给用户精准的答复。下面介绍一些向ChatGPT提问的技巧。

（1）清晰的问题描述

提供明确且具体的问题描述，以便ChatGPT理解需求并给出相关答案。例如，不要简单地问"怎么做蛋糕"，而是提供更具体的信息，就像"我有一些草莓和鸡蛋，你能告诉我如何制作草莓蛋糕吗？"如图2-15所示。

图 2-15　具体明确的描述

（2）限制回答长度

我们可以在提问的时候加入字数限制的要求，限制ChatGPT回答的字数。例如，提问"你能帮我写一篇温馨的童话故事吗？字数限制在300字"。如图2-16所示。

片刻后，ChatGPT就会为我们生成一段字数为300字左右的故事，如图2-17所示。故事《月亮的礼物》的字数为333字。

你
你能帮我写一篇温馨的童话故事吗？字数限制在300字

图2-16 限制文章字数

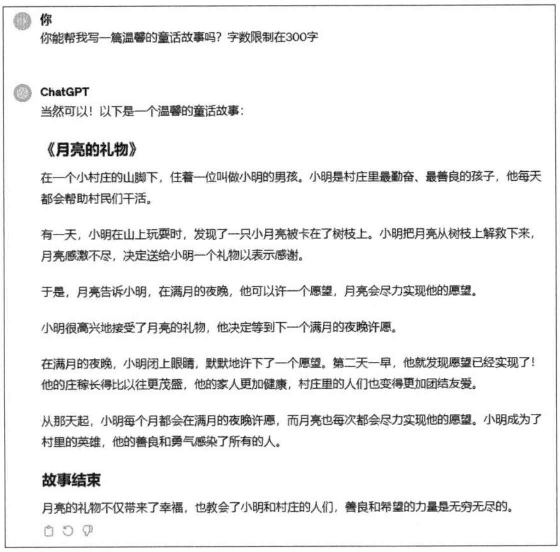

你
你能帮我写一篇温馨的童话故事吗？字数限制在300字

ChatGPT
当然可以！以下是一个温馨的童话故事：

《月亮的礼物》

在一个小村庄的山脚下，住着一位叫做小明的男孩。小明是村庄里最勤奋、最善良的孩子，他每天都会帮助村民们干活。

有一天，小明在山上玩耍时，发现了一只小月亮被卡在了树枝上。小明把月亮从树枝上解救下来，月亮感激不尽，决定送给小明一个礼物以表示感谢。

于是，月亮告诉小明，在满月的夜晚，他可以许一个愿望，月亮会尽力实现他的愿望。

小明很高兴地接受了月亮的礼物，他决定等到下一个满月的夜晚许愿。

在满月的夜晚，小明闭上眼睛，默默地许下了一个愿望。第二天一早，他就发现愿望已经实现了！他的庄稼长得比以往更茂盛，他的家人更加健康，村庄里的人们也变得更加团结友爱。

从那天起，小明每个月都会在满月的夜晚许愿，而月亮也每次都会尽力实现他的愿望。小明成为了村里的英雄，他的善良和勇气感染了所有的人。

故事结束

月亮的礼物不仅带来了幸福，也教会了小明和村庄的人们，善良和希望的力量是无穷无尽的。

图2-17 ChatGPT 生成的故事

（3）多次生成答案

由于ChatGPT对同一问题每次生成的答案可能有所不同，因此可以尝试提问几次相同或类似的问题，以获得不同的回答。这样可以得到更全面和多样化的信息。

（4）上下文保持联系

为了帮助ChatGPT理解问题并生成连贯的回答，在连续提问时，尽量保持上下文的一致，并在后续问题中引用先前的回答。

（5）进一步细化提问

如果ChatGPT给出的答案太模糊，可以提供更多的细节和指导，以引导其生成更加具体和精准的答案。例如，可以要求ChatGPT给出更多例子或解释原因。

（6）综合其他信息

虽然ChatGPT可以生成出色的答案，但仍需要谨慎使用。ChatGPT是一个语言生成模型，可能会产生不准确、有时甚至是胡言乱语的回答。在重要任务或关键决策中，不建议完全依赖ChatGPT，建议综合其他信息并保持警惕。

（7）给ChatGPT足够的时间

ChatGPT需要一些时间来处理复杂的问题，所以请给它足够的时间来提供最佳答案。不要在ChatGPT回答之前就立即追问，而是给予适当的时间让ChatGPT思考和回答。

（8）避免使用负面表述

尽量避免使用否定的语言或负面表述来描述问题，这可能会导致ChatGPT产生误解。例如，不要问"为什么我不能做到某件事情"，而要以正面的方式提出问题"请问如何更好地实现某个目标？"这里我们可以向ChatGPT提问"请问如何更好地成为一名画家？"生成结果如图2-18所示。

（9）简明扼要地提出问题

尽量使用简洁的语言来描述问题，这有助于ChatGPT更好地理解问题并更快速地提供答案。例如，不要描述一大段背景信息，而是只用几句话简单明了地阐述疑问"你能否为我解释一下什么是人工智能？"结果如图2-19所示。

图 2-18　ChatGPT 对正面方式提出问题的回答　　图 2-19　ChatGPT 对简洁问题的回答

（10）以开放性的态度提问

尽量避免在提问之前就已经有了自己的看法或结论，这可能会导致一些重要的细节或信息被忽略。不要预设一个错误的答案并询问ChatGPT是否正确，而要以开放性的态度提出问题。

以一种开放性的态度提问，接受多个答案和观点，并尝试从中获取更多的信息和见解，而不只是询问一个简单的答案。例如，提问"对于AI技术的未来发展前景，你有什么看法？"

> **小提示：ChatGPT社区**
>
> 用户可以在Discord中加入ChatGPT的用户社区，与其他用户分享经验、交流技巧，并向他们请教问题。这将有助于用户了解更多实用信息，提升使用ChatGPT的技能，并且能够获得有关产品更新和新功能的第一手资讯。

2.2　使用提示词向ChatGPT提问

ChatGPT是一个基于语言模型的对话生成系统，可以通过给出的提示词来生成有意义的回答。本节将介绍使用提示词让ChatGPT生成令我们满意的回答的技巧。

2.2.1　灵活运用提示词提问

向ChatGPT提问时，它有时会答非所问，这时我们需要运用提示词向ChatGPT提问，让Chat-GPT的回答更加准确。以下是一些提示词的应用方式和高级提问技巧。

（1）提问方式

◎ 使用简短的问题作为提示词。例如，提问"你最喜欢的电影是什么？"

◎ 使用完整的句子作为提示词。例如，提问"请告诉我你对人工智能的看法。"如图2-20所示。

> **你**
> 请告诉我你对人工智能的看法。
>
> **ChatGPT**
> 作为一个人工智能模型，我本身没有情感、看法或立场。我被设计成提供客观、基于事实的信息和帮助，无论是关于人工智能还是其他主题。
>
> 然而，就人工智能本身而言，它是一种强大的技术，具有巨大的潜力来改变我们的生活、社会和经济。人工智能可以为我们提供许多好处，如提高生产效率、改善医疗保健、优化交通运输、增强教育体验等。它可以帮助我们解决许多复杂的问题，提供新的解决方案，并创造新的机会。
>
> 然而，人工智能也带来了一些挑战和风险，如数据隐私问题、人工智能偏见、失业问题、道德和道德考量等。因此，我们需要以谨慎和明智的方式开发和应用人工智能技术，确保它能够最大程度地造福人类，同时尽量减少潜在的负面影响。
>
> 总的来说，人工智能是一个令人兴奋和具有挑战性的领域，我们应该积极地探索和利用其潜力，同时保持警惕，以确保其发展和应用符合人类的价值观和利益。

图 2-20　使用完整的句子进行提问

（2）问题细化

◎ 通过在问题中添加细节，引导ChatGPT提供更具体的回答。例如，提问"你最喜欢的画家是哪位？他擅长哪种作画风格？"

◎ 通过限定问题的范围，使ChatGPT只关注特定的方面。例如，提问"在世界名画中，你最喜欢哪一幅？"

（3）对比和选择

◎ 提供两个或多个选项，让ChatGPT进行比较和选择。例如，提问"你更喜欢印象派画风还是抽象派画风？"

◎ 要求ChatGPT对不同选项进行评估。例如，提问"你认为印象派画风比抽象派画风更好吗？为什么？"

（4）观点和解释

◎ 要求ChatGPT提供个人观点或意见。例如，提问“你认为人工智能对社会的影响是积极的还是消极的？”

◎ 要求ChatGPT解释其回答的原因或依据。例如，提问“你为什么认为印象派画风更受欢迎？”

（5）创造性地提问

◎ 通过提出开放性的问题，鼓励ChatGPT提供创造性的回答。例如，提问“如果你能创造一个全新的画风类型，你会选择什么样的画面？”

◎ 通过提供一个初始的创意，让ChatGPT进行发散性的回答。例如，提问“假设你是一位画家，你会如何创造一个令人难忘的画面？”如图2-21所示。

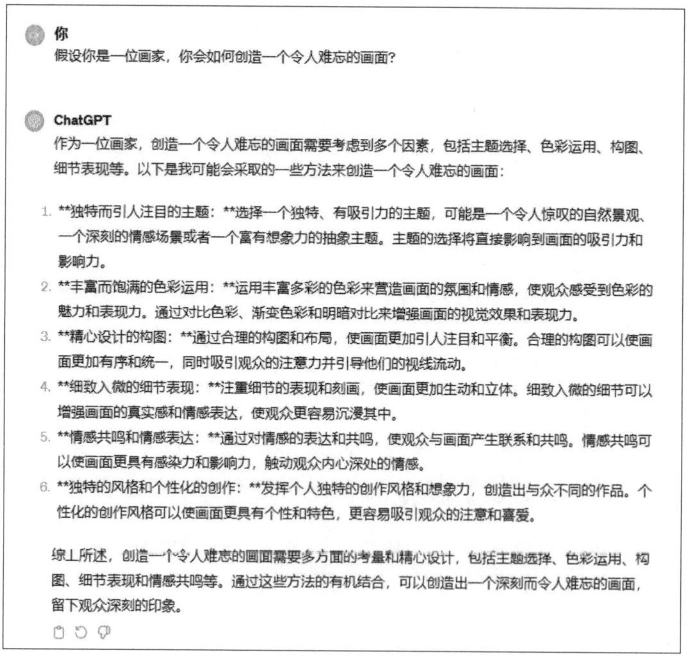

你
假设你是一位画家，你会如何创造一个令人难忘的画面?

ChatGPT
作为一位画家，创造一个令人难忘的画面需要考虑到多个因素，包括主题选择、色彩运用、构图、细节表现等。以下是我可能会采取的一些方法来创造一个令人难忘的画面:

1. **独特而引人注目的主题：**选择一个独特、有吸引力的主题，可能是一个令人惊叹的自然景观、一个深刻的情感场景或者一个富有想象力的抽象主题。主题的选择将直接影响到画面的吸引力和影响力。
2. **丰富而饱满的色彩运用：**运用丰富多彩的色彩来营造画面的氛围和情感，使观众感受到色彩的魅力和表现力。通过对比色彩、渐变色彩和明暗对比来增强画面的视觉效果和表现力。
3. **精心设计的构图：**通过合理的构图和布局，使画面更加引人注目和平衡。合理的构图可以使画面更加有序和统一，同时吸引观众的注意力并引导他们的视线流动。
4. **细致入微的细节表现：**注重细节的表现和刻画，使画面更加生动和立体。细致入微的细节可以增强画面的真实感和情感表达，使观众更容易沉浸其中。
5. **情感共鸣和情感表达：**通过对情感的表达和共鸣，使观众与画面产生联系和共鸣。情感共鸣可以使画面更具有感染力和影响力，触动观众内心深处的情感。
6. **独特的风格和个性化的创作：**发挥个人独特的创作风格和想象力，创造出与众不同的作品。个性化的创作风格可以使画面更具有个性和特色，更容易吸引观众的注意和喜爱。

综上所述，创造一个令人难忘的画面需要多方面的考量和精心设计，包括主题选择、色彩运用、构图、细节表现和情感共鸣等。通过这些方法的有机结合，可以创造出一个深刻而令人难忘的画面，留下观众深刻的印象。

图 2-21　让 ChatGPT 进行发散性的回答

（6）情感和态度

◎ 要求ChatGPT表达情感或态度。例如，提问“你对抽象画作有什么感觉?”

◎ 提供一个对立的观点，引发ChatGPT的争论。例如，提问“有人认为抽象画没有美感，像小孩子乱画的，你对此有何看法？”

（7）时间和历史

◎ 让ChatGPT回顾过去的事件或发展。例如，提问“你认为过去十年里最重要的科技进展是什么?”

◎ 要求ChatGPT对未来进行预测或展望。例如，提问“你认为未来的绘画会如何发展？”

（8）角色扮演

◎ 让ChatGPT扮演一个特定的角色或身份。例如，提问“你能扮演一个画家的角色，给我解释一下画面中的色彩光影是什么？"如图2-22所示。

> **你**
> 能扮演一个画家的角色，给我解释一下画面中的色彩光影是什么？
>
> **ChatGPT**
> 当我们谈论画面中的色彩光影时，我们实际上在描述画面中的色彩和光线如何相互作用，以营造出深度、立体感和现实感。色彩光影是指在画面中使用不同色彩和明暗对比来模拟光线照射和阴影的效果。
>
> 具体来说，色彩光影通常包括以下几个方面：
>
> 1. **色彩对比：**色彩对比是指画面中不同色彩之间的对比程度。对比强烈的色彩可以吸引观众的注意力，增强画面的视觉冲击力。例如，将暖色调与冷色调相对比，或者将亮色与暗色对比，都可以产生强烈的色彩对比效果。
> 2. **明暗对比：**明暗对比是指画面中不同部分之间的明暗差异。通过合理的明暗对比，可以营造出光影效果，使画面更加立体和生动。例如，在光线照射下的物体会产生明亮的部分和阴影部分，通过合理的明暗处理，可以使物体更加立体和真实。
> 3. **光源位置和角度：**光源的位置和角度对画面中的色彩光影效果具有重要影响。不同的光源位置和角度会产生不同的阴影效果和明暗分布。例如，光源位于画面左上方时，物体的右下方会产生阴影，而左上方会产生明亮的部分。
> 4. **光线的强度和方向：**光线的强度和方向也会影响色彩光影效果。强光会产生明亮的高光和深邃的阴影，而柔和的光线会产生柔和的过渡和温暖的色彩效果。光线的方向可以影响阴影的方向和形状，从而改变画面的立体感和视觉效果。
>
> 总的来说，色彩光影是通过对色彩和光线的合理运用，模拟出光线照射和阴影效果，使画面更具立体感、深度感和现实感。这种效果可以使画面更加生动和具有吸引力，吸引观众的眼球并产生情感共鸣。

图 2-22 让 ChatGPT 扮演特定的角色

◎ 构建一个虚拟的情景，让ChatGPT在其中扮演特定的角色。例如，"假设你是一名画家，你会如何绘制一幅关于友谊的画作？"如图2-23所示。

> **你**
> 假设你是一名画家，你会如何绘制一幅关于友谊的画作？
>
> **ChatGPT**
> 作为一名画家，绘制一幅关于友谊的画作是一项充满情感和表现力的任务。以下是我可能会采取的一些方法来绘制这样一幅画作：
>
> 1. **选择主题：**首先，我会选择一个能够充分表达友谊主题的场景或者情境。这可能是两个人手牵手、拥抱，或是在一起享受美好时光的场景。
> 2. **塑造情感：**我会通过角色的表情、姿势和互动来塑造出深厚的友谊情感。他们的笑容、眼神交流和身体语言都应该表现出彼此之间的亲密和信任。
> 3. **运用色彩：**我会选择温暖、柔和的色彩来营造友谊的氛围。温暖的色调如橙色、粉色、黄色可以传递出友好、舒适的感觉，而柔和的色调如淡蓝色、淡绿色则可以表现出安宁和平静。
> 4. **创造背景：**背景可以进一步强化友谊的主题。我可能会选择自然环境，如阳光明媚的草地、蓝天白云的天空，或者是温馨的室内场景，如咖啡厅、图书馆等。
> 5. **细节表现：**在绘画中加入一些细节，如手牵手的姿势、共同的笑容、一起度过的时光等，可以使画面更具故事性和情感共鸣。
> 6. **传递信息：**最后，我会确保画作能够清晰地传递友谊的信息，让观众能够感受到其中蕴含的深厚情感和美好时光。
>
> 通过以上方法的结合运用，我将努力创作出一幅充满温馨、感人和寓意深远的友谊主题画作，希望观众能够从中感受到友谊的力量和美好。

图 2-23 构建虚拟的情景

2.2.2　向 ChatGPT 提问的注意事项

与ChatGPT交流的时候，用户需要遵守一定的道德准则，以下是向ChatGPT进行提问时的一些注意事项。

（1）尊重他人

ChatGPT虽然是一个虚拟的对话伙伴，但用户在与它进行交流时也应该尊重其观点和立场。尽管用户可能会认为这是显而易见的，但如果与ChatGPT的交流成为日常事务，用户可能会忘记在与它交谈时应坚持这一原则。

（2）不要过度依赖ChatGPT

ChatGPT是一个人工智能模型，它并不是万能的，也不可能解决所有问题。因此，用户不应该完全依赖ChatGPT，而应该自己思考和研究问题。ChatGPT可以作为解决问题的工具之一，但用户也需要明白它的局限性。

（3）提出明确的问题

要确保提出的问题是明确的，并且可以通过简短、清晰的回答得到解决。这将有助于ChatGPT更准确地理解问题，并给出更准确的答案。如果用户提出的问题含糊不清，ChatGPT可能就会给出一个不确定的答案。

（4）了解上下文

ChatGPT不是真正的人类，它可能会因为缺少上下文或理解错误而给出不正确的答案。因此，尝试在与ChatGPT交流之前让其了解所讨论的主题或背景。了解上下文有助于ChatGPT更好地理解用户的问题，从而提供更准确的回答或建议。

（5）尝试不同的表达方式

ChatGPT可以理解许多不同的表达方式，因此，如果不能得到一个满意的答案，尝试换一种方式来表达问题或更详细地描述需求。如果用户只提出一个问题并得到一个不理想的答案，不妨换个说法或换个角度提出问题。

（6）注意隐私

不要在与ChatGPT的交流中透露任何个人信息，包括姓名、地址、电话号码等。ChatGPT是一个虚拟的对话伙伴，它不需要了解用户的个人信息。因此，在与ChatGPT交流时，要确保不要泄露任何有关于自己或他人的敏感信息。

2.2.3　将关键字合并至输入提示

ChatGPT的关键特性之一是能够理解和响应自然语言输入。然而，为了提高其生成响应的效率和准确性，重要的是利用关键字将模型引导至特定主题或任务上。在本小节，将探索把关键字合并到输入提示中的不同方法，以及它们如何改进ChatGPT的输出。

（1）使用"提示条件"

使用"提示条件"（prompt conditioning）涉及在给出输入提示之前，为模型提供特定的上下文或背景信息。例如，如果用户想生成一首关于特定地点的诗，可以在输入提示中包含该地点的名称。通过提供这些附加信息，ChatGPT能够更好地理解提示的上下文并生成更相关的响应。

（2）合并关键字

该方法是使用"提示模板"（prompt templates），涉及为提示创建模板或结构，并为关键字指定特定位置。

如果想生成有关特定事件的新闻文章，用户可以创建一个模板，其中包含事件名称、位置和日期的槽。通过提供这些特定信息，ChatGPT能够更好地理解上下文并生成更相关的响应。

也可以通过使用特定的"提示控件"（prompt controls）来组合关键字。这些是为模型提供特定指令或方向的特定单词或短语。如果想生成一首带有特定情感的诗，可以包含一个提示控件，比如"写一首悲伤的诗"。这告诉模型要专注于产生引起悲伤反应的内容。如图2-24所示。

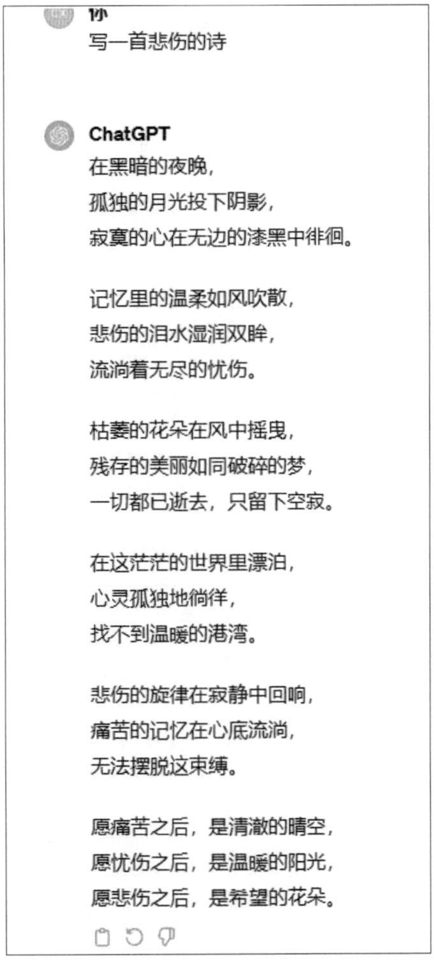

在提示中加入关键字只是提高ChatGPT效率的一种方式。其他方法包括使用特定数据集精调（finetuning）模型、使用迁移学习（transfer learning）或使用更强大的GPT版本。此外，"迭代提示"（iterative prompting）等高级技术也可用于改进ChatGPT的输出。

（3）使用"输入提示多样化"

"输入提示多样化"（prompt diversification）涉及为模型提供多个提示或同一提示的变体，以生成不同的响应集。这在处理诸如内容生成等需要多种观点和想法的任务时非常有用。

（4）使用"提示策展"

"提示策展"（prompt curation）技术涉及使用一组预选的提示来针对特定任务或用例精调模型。这在处理特定项目时非常有用，并且用户希望确保模型生成的是与手头任务相关的响应。

（5）使用"迭代提示"

"迭代提示"（iterative prompting）技术涉及为模型提供初始提示，然后将生成的响应用作下一个提示。可以多次重复此过程以生成更复杂和更细微的响应。

图 2-24 ChatGPT 生成的悲伤的诗

例如，我们可以从“写一篇以一战德国士兵为主角的短篇小说”开始，然后使用生成的响应作为下一个提示，提问“详细说明该主角故事的后续事件”。重复此过程就能生成更详细和更广泛的故事。图2-25所示的即为故事的大纲。

你

写一篇以一战德国士兵为主角的短篇小说的写作大纲

ChatGPT

标题：孤独的战士

大纲：

1. 引子
   - 描述一战爆发时期的德国社会氛围，人们充满了爱国情绪和对战争的期待。
2. 介绍主角
   - 主角是一名年轻的德国士兵，名叫路德维希。他来自普鲁士一个小镇，自幼就被灌输了对祖国的忠诚和军人的责任感。
3. 入伍
   - 路德维希自愿加入德军，怀着对荣誉和冒险的憧憬。他与其他士兵一起接受严格的训练，培养出顽强的意志和战斗的技能。
4. 前线
   - 描述路德维希在前线的生活，他经历了战争的残酷和无情。战场上的种种场景、战友的牺牲，让他开始怀疑战争的意义和自己的信念。
5. 孤独
   - 路德维希在战争中感到越来越孤独，他与家人的联系变得稀少，与战友之间也存在隔阂。他开始反思自己的选择，思考生命的意义。
6. 人性的光辉
   - 在战争中，路德维希遇到了一名受伤的敌方士兵。面对这个伤痛的敌人，他内心发生了变化，体味到了人性的光辉和战争带来的伤害。
7. 决定
   - 经过一段时间的思考，路德维希决定放下武器，拒绝继续参与战争。他愿意冒着被视为叛徒的风险，寻找和平的途径。
8. 结局
   - 描述路德维希离开前线，开始了他的求和之旅。他经历了困难和挑战，但最终找到了一条回归人道和和平的道路。
9. 总结
   - 总结主角的成长和变化，强调对和平的向往和对战争的反思。表达对所有战争中的受害者的同情和祈愿。

通过这个故事，展现了战争带来的痛苦和无谓，以及一个士兵在战火中追寻人性光辉的故事。

图 2-25　ChatGPT 生成的故事大纲

我们可以看到大纲故事中的主角叫做路德维希，接着我们输入“请详细描述一下路德维希在前线发生的故事，像写小说那样。”

等待ChatGPT的生成，片刻后我们就能得到路德维希在前线所发生的故事，从故事中可以看到内容继承了大纲人物和故事的设定，并且整篇文章十分自然且逻辑自洽，如图2-26所示。

图 2-26　路德维希在前线的故事

2.3　生成AI图像的提示词技巧

用户如果想用AI绘画工具生成AIGC图片，但由于缺少专业知识，无法把想法充分传递给AI绘画工具。这个时候，就可以充分发挥ChatGPT的长处，利用ChatGPT来完善用户的提示词。

2.3.1　通过提问获取 AI 图像提示词

要想用AI绘画工具生成所需的AIGC图片，最简单的方法就是直接向ChatGPT提问以获取AI绘画提示词。

（1）直接提问

例如，想要生成一个花海中的少女的画面，我们可以在ChatGPT中输入"我想设计一个花海中的少女的画面。英文关键词"，如图2-27所示。

由于AI绘画工具必须要使用英文提示词，所以我们需要生成英文关键词。将生成的关键词翻译成中文就能得到以下结果：

当然，以下是一些英文关键词来描述花海中女孩的形象：

少女：一个年轻而娇柔的女孩，站在花丛中。

鲜花：一片五颜六色的花海围绕着女孩，创造了一个充满活力的背景。

阳光：柔和的阳光透过树叶的树冠，照亮场景。

宁静：一种宁静的氛围，伴随着树叶的轻柔沙沙声和远处鸟儿的叽叽喳喳声。

平静：女孩的表情，平静和满足，因为她接受了周围的美丽。

微风：轻柔的微风拂过女孩的头发和她周围的花瓣。

蝴蝶：五颜六色的蝴蝶在女孩周围飞舞，增添了迷人的景色。

梦幻：整体氛围，仿佛女孩步入了一个充满鲜花和魔法的梦幻世界。

倒影：也许是附近一个宁静的池塘或小溪，映照着女孩和周围的花朵。

和谐：女孩与自然融合在一起，仿佛她与花海是一体。

（2）具体提问

然后就可以进行更具体的提问"按照我给你的想法，用详细的描述创造一个富有创意（或指定风格）的画面。用逗号分隔描述中的修饰词并把描述翻译成英文。想法：花海中的少女"。生成的提示词如图2-28所示。

图 2-27　直接输入关键词　　　　　　　　图 2-28　花海少女提示词

最后我们提取到英文提示词"In this creative scene, we see a girl standing amidst a lush sea of flowers. Her cascading hair falls over her shoulders, shining brightly against the surrounding blossoms. The girl wears a flowing white gown, resembling an elegant lily. Her eyes are clear and bright, like a spring morning's lake, brimming with vitality and energy. Her smile is warm as sunlight, bringing a touch of warmth and joy to the flower sea. Her fingers delicately brush against the petals, engaging in a tender conversation with nature. The scene is filed with harmony and beauty, bringing a sense of peace and tranquility."生成的AI图像如图2-29所示。

图 2-29 花海少女

（3）通过公式提问

我们也可以告诉ChatGPT或Prompt一些常见的公式，例如：[主体，主体描述] + [细节,修饰词,氛围] + [艺术风格,质感,视角,渲染器] + [MJ 参数]，可以根据主体和自己的习惯定义这个公式，并告诉ChatGPT。这样我们就可以让AI为我们生成简短的提示词了，如图2-30所示。

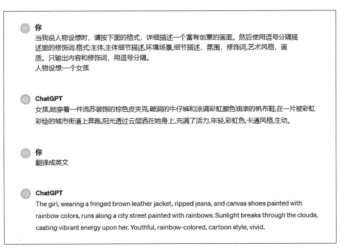

图 2-30 通过公式提问

这里ChatGPT生成的英文提示词是"The girl, wearing a fringed brown leather jacket, ripped jeans, and canvas shoes painted with rainbow colors, runs along a city street painted with rainbows. Sunlight breaks through the clouds, casting vibrant energy upon her. Youthful, rainbow-colored, cartoon style, vivid."放到Midjourney中进行图像生成，得到的图像如图2-31所示。

图 2-31　彩虹女孩

　　然后我们可以训练ChatGPT并让它记住：以后我说"prompt人物设想"时，请按上面的格式，输出英文内容给我。如果明白，请回答明白，如图2-32所示。这样ChatGPT在我们输入指定的提示词后，就会生成训练时要求的内容了。

图 2-32　训练 ChatGPT

在训练ChatGPT时，我们要分步教，如果一次教太多，它会漏掉一部分内容。

　　第二次生成的关键词明显与第一次生成的关键词不一样，接下来我们试着将关键词"The girl, adorned in a flowing floral dress, twirls gracefully amidst a field of sunflowers, their golden petals swaying gently in the breeze, Sunlight filters through the canopy of trees, casting dappled shadows on the forest floor, Serene, ethereal, sun-kissed, naturalistic."放到 Midjourney中进行图像生成，效果如图2-33所示。

图 2-33　向日葵花中的女孩

（4）在提问中添加关键参数

告诉ChatGPT一些照片质感的提示词和MJ参数，并在描述末尾加上"photography, reality, 4k,high detail--v 5"，然后进行确认，以此来训练它。如图2-34所示。

图 2-34　添加关键参数

在追问"prompt人物设想：一个漂亮的女孩，照片质感"后，我们将得到提示词"The beau-tiful girl, with cascading waves of chestnut hair framing her delicate features, stands on a windswept cliff overlooking the crashing waves below. Her eyes, like pools of sapphire, reflect the vibrant hues of the sunset sky. The soft glow of twilight bathes her porcelain skin, enhancing her natural allure. Majestic,captivating,cinematic,photography,reality,4k,high detail --v 5."然后用Midjourney进行图像生成，效果如图2-35所示。

图2-35　海边的女孩

2.3.2　通过对话获取 AI 绘画提示词

我们可以通过不断地与Chat-GPT对话来获取关于绘画的关键词，包括让它讲故事以获取提示词，或者给它一篇文章让它提取提示词。

例如，让ChatGPT为我们讲一个童话故事来获取绘画提示词。向ChatGPT提问"你能为我讲一个美好的童话故事吗？"图2-36是ChatGPT为我们生成的童话故事《精灵王国的守护者》。

> **你**
> 你能为我讲一个美好童话故事吗？
>
> **ChatGPT**
> 当然可以！下面是一个美好的童话故事：
>
> **精灵王国的守护者**
>
> 很久以前，在一个遥远的精灵王国里，生活着一位名叫艾莉亚的年轻精灵女孩。艾莉亚有一头闪烁着金色光芒的长发，和一双晶莹剔透的蓝色眼睛，她是整个王国最勇敢、最善良的精灵之一。
>
> 精灵王国是一个充满奇迹和魔法的地方，但它也面临着威胁。一天，黑暗势力的影子笼罩了王国，带来了恐惧和不安。精灵们开始感到绝望，他们急需一位英雄来拯救他们。
>
> 在这个危急时刻，艾莉亚挺身而出，自愿成为王国的守护者。她踏上了一场冒险之旅，穿越了神秘的森林、幽深的洞穴和险峻的山脉，寻找着希望的曙光。
>
> 在她的旅途中，艾莉亚遇到了许多挑战和困难，但她从未放弃。她运用自己的智慧和勇气，与黑暗势力进行了激烈的战斗，保护了王国和它的居民。
>
> 最终，在一场壮烈的决战中，艾莉亚战胜了黑暗势力的领袖，将光明与和平带回了精灵王国。从那时起，艾莉亚成为了精灵们的英雄和守护者，她的勇气和善良的精神将永远被人们铭记。
>
> 精灵王国重新焕发了生机和活力，每个精灵都为艾莉亚的壮举而感到骄傲。而艾莉亚则知道，无论何时当王国再次面临危险，她都会站出来，毫不犹豫地保护她所爱的人们。因为她知道，爱与勇气的力量将永远战胜黑暗的力量。
>
> 故事结束，精灵王国的每个精灵都在艾莉亚的光辉下快乐地生活着，永远感激着她带给他们的希望和安宁。

图2-36　童话故事《精灵王国的守护者》

这时候我们可以向ChatGPT追问"如果我需要将故事中的一段场景画成一幅画，你可以提取一下它的prompt吗？"如图2-37所示。

我们可以将《精灵王国的守护者》中的一段场景：

"很久以前，在一个遥远的精灵王国里，生活着一位名叫艾莉亚的年轻精灵女孩。艾莉亚有一头闪烁着金色光芒的长发，和一双晶莹剔透的蓝色眼睛，她是整个王国最勇敢、最善良的精灵之一。

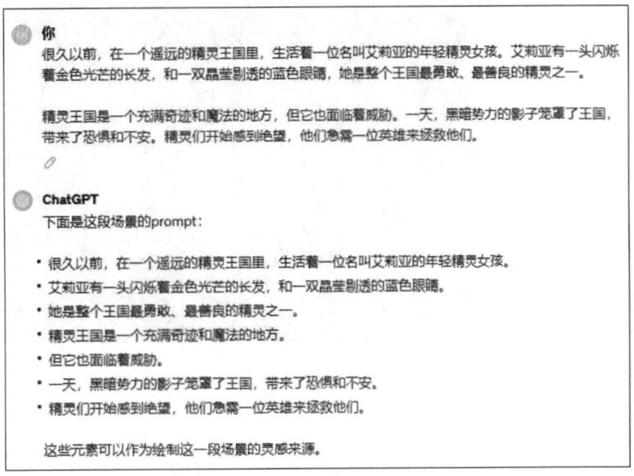

精灵王国是一个充满奇迹和魔法的地方，但它也面临着威胁。一天，黑暗势力的影子笼罩了王国，带来了恐惧和不安。精灵们开始感到绝望，他们急需一位英雄来拯救他们。"发给ChatGPT，让它帮我们提取提示词，如图2-38所示。

图 2-37　追问

图 2-38　提取提示词

要让ChatGPT将这段提示词精炼成单个的提示词，需要提问："可以精炼成单个的prompt吗？"然后让ChatGPT将其翻译成英文，如图2-39所示。

由于ChatGPT可能没有完全理解"精炼单个prompt"的意思，所以我们再追问"将上述文章特征浓缩成单个的英文prompt"，再加上ChatGPT已经被训练过了，就能生成更简短的提示词，如图2-40所示。

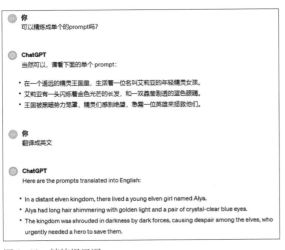

图 2-39　精炼提示词

图 2-40　再次浓缩提示词

得到提示词"In a distant elven kingdom, Alya, a young girl with shimmering golden hair and crystal-clear blue eyes, faces a kingdom shrouded in darkness, requiring a hero's intervention"后，用Midjourney进行图像生成，效果如图2-41所示。

图2-41 精灵王国的女孩

2.3.3 制作表格区分中、英文提示词

通过提问和对话生成的提示词需要中英文相互转换，如果是一长串的英文提示词，可能会让用户眼花缭乱。我们可以通过让ChatGPT制作表格来更好地区分中、英文提示词。

有了之前的训练，我们可以直接对ChatGPT提问："制作一个表格，包含人物特征的中文和英文prompt"，如图2-42所示。

图2-42 让ChatGPT制作表格

可以看到ChatGPT为我们制作的中英文对照表格是一长串的提示词，这是因为我们没有具体提出"单个单词"的提示词。我们只需要提问："制作一个表格，包含人物特征的中文和英文单个单词的prompt"，就可以得到如图2-43所示的表格。

你

制作一个表格，包含人物特征的中文和英文单个单词的prompt

ChatGPT

中文 Prompt	英文 Prompt
女孩	Girl
漂亮的	Beautiful
流苏装饰	Fringed
棕色	Brown
皮夹克	Jacket
破洞的	Ripped
牛仔裤	Jeans
彩虹颜色	Rainbow
油漆	Painted
帆布鞋	Canvas
彩虹彩绘的	Painted with rainbows
城市街道	City street
奔跑	Running

图 2-43 单个提示词表格

当我们提问"prompt人物设想：魔幻世界的精灵女孩"，ChatGPT会按照我们之前训练的内容生成提示词，如图2-44所示。

你

prompt人物设想：魔幻世界的精灵女孩

ChatGPT

Enchanting, with luminous iridescent wings fluttering gracefully, the elven girl stands amidst a mystical forest, her eyes sparkling with ancient wisdom. She wears a flowing gown woven from moonbeams and stardust, adorned with delicate ethereal flowers. Soft tendrils of magic dance around her fingertips as she gazes serenely into the depths of the enchanted woods. Magical, ethereal, otherworldly, enchanting, mystical, elven, vibrant.

图 2-44 ChatGPT 生成的提示词

然后再次提问"制作一个表格，包含魔幻世界的精灵女孩的中文和英文单个单词的prompt"，ChatGPT就会将"魔幻世界的精灵女孩"制作为单个中英文提示词对照的表格，如图2-45所示。

你
制作一个表格，包含魔幻世界的精灵女孩的中文和英文单个单词的prompt

ChatGPT

中文 Prompt	英文 Prompt
魔幻	Magical
世界	World
精灵	Elf
女孩	Girl
光芒	Luminous
彩虹色	Iridescent
翅膀	Wings
优雅地	Gracefully
站立	Stands
神秘的	Mystical
森林	Forest
眼睛	Eyes
闪闪发光的	Sparkling
古老的	Ancient
智慧	Wisdom

图 2-45 精灵女孩提示词表格

　　将这些提示词集合起来并使用Midjourney生成，我们就能得到"魔幻世界的精灵女孩"的图像了，如图2-46所示。

图 2-46 魔幻世界的精灵女孩

表格2-1是"魔法世界的精灵女孩"的中英文对照，在应用时我们可以选取其中的一些提示词进行对照、组合。

表2-1 "魔法世界的精灵女孩"的中英文提示词对照表

中文提示词	英文提示词	中文提示词	英文提示词
魔幻	Magical	长袍	Gown
世界	World	月光	Moonbeams
精灵	Elf	星尘	Stardust
女孩	Girl	花朵	Flowers
光芒	Luminous	柔软的	Soft
彩虹色	Iridescent	魔法	Magic
翅膀	Wings	舞动	Dance
优雅地	Gracefully	指尖	Fingertips
站立	Stands	注视	Gaze
神秘的	Mystical	平静地	Serenely
森林	Forest	深处	Depths
眼睛	Eyes	附魔	Enchanted
闪闪发光的	Sparkling	幻想的	Ethereal
古老的	Ancient	其他世界的	Otherworldly
智慧	Wisdom	金色头发	Blond Hair
流苏装饰	Flowing	蓝色眼睛	Blue eyes
迷人的	Echanting	生动	Vibrant

第 3 章

认识 Midjourney

　　Midjourney是一款2022年3月面世的AI绘画工具，创始人是David Holz。使用这款工具，只要输入相应的文字描述，就能快速生成对应的图像。推出beta版本后，这款搭载在Discord社区上的工具迅速成为讨论焦点。

　　使用Midjourney进行绘画时，无论是多么夸张或抽象的想法，只需输入简短的文字描述或相关提示词，便可以将人们的想象快速转化为图像。与其他AI图像生成器相比，Midjourney具有更快的生成速度和更低的学习门槛。它不仅可以生成各种风格的艺术及摄影摄像作品，还可以作为创作灵感的来源，因此受到了各行各业创意设计者的青睐。

3.1 Midjourney可以做什么

我们要使用Midjourney进行绘画,必须先注册一个Discord账号,Midjourney和Discord类似于小程序和微信的关系。注册完账号,在Discord上加入Midjourney服务器后,就可以开始与Midjourney机器人进行交互了。

Midjourney的AI生成工具可以用于创建多种类型的图像,包括但不限于以下几种。

◎ 纹理和图案:用户可以使用Midjourney生成不同类型的纹理和图案,如花纹、地形、水波纹等。

◎ 数字艺术:通过调整生成器和判别器的参数,可以创建数字艺术作品,如数字画、数字雕塑等。

◎ 壁纸和背景:使用Midjourney可以生成独特的壁纸和背景图像,用于桌面、手机、社交媒体等。

◎ 美食和自然:通过选择不同的颜色、形状和纹理,可以生成美食和自然主题的作品,如美味食物、森林、海滩等。

◎ 抽象艺术:通过选择不同的颜色、形状和纹理,可以生成抽象的艺术作品,包括抽象画、抽象雕塑等。

通过Midjourney生成图像时,由于其生成器和判别器的参数和选项非常丰富,因此可以创造出多种不同风格和类型的图像。用户可以根据自己的创作需求和偏好,探索和尝试不同的选项,创作出属于自己的独特作品。图3-1的描述词为:"Panda parents and babies playing in the bamboo forest, Golden Bamboo, Red plum blossom, harmony, spring --ar 6:4"。

图 3-1 熊猫一家

3.2 Midjourney的安装

要使用Midjourney进行图像生成，需要先创建Discord账号。用户可以登录Discord官网的客户端下载页面下载（需要魔法）Discord客户端，并在计算机上进行安装。

3.2.1 在 Discord 中注册账号

Midjourney是一款AI绘画工具，而Discord是一款广受欢迎的聊天和语音通信工具。Midjourney的开发者团队开发了一款基于Discord机器人的应用程序，称为Midjourney Bot。这款应用程序可以为Discord用户提供更加方便的AI图像处理服务。

Discord用户可以使用Midjourney工具生成各种类型的图像，并直接在Discord群组和频道中分享。接下来首先介绍如何在Discord中注册账号，具体操作方法如下。

步骤01 首先打开官网或者Discord登录界面，单击"注册"链接，如图3-2所示。

步骤02 在打开的"创建一个账号"界面填写账号注册的邮件地址、昵称、用户名、密码等信息，如图3-3所示。

图 3-2 单击"注册"链接

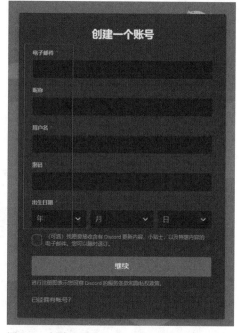

图 3-3 创建账号

🐦 **小提示：验证电子邮件地址**

首次注册Discord账号时，完成步骤02还需要通过邮件信息验证，在弹出的界面中单击"验证电子邮件地址"按钮，打开注册时输入的邮箱，根据提示验证即可。

3.2.2 进入Midjourney

账号创建完成后打开Discord登录界面，输入注册好的账号和密码进行登录，如图3-4所示。进入Midjourney主界面后，用户便可以使用Midjourney进行图像生成了。

Midjourney的主界面主要由最左侧的服务器栏、中间的个人信息设置栏和右侧的聊天栏组成。

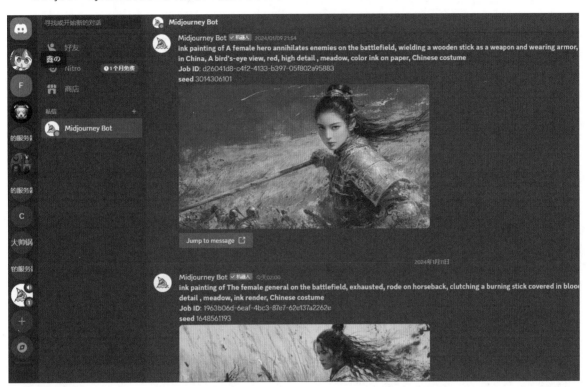

图3-4 主界面

🐬 **小提示：设置界面语言**

Discord默认是英文界面，用户可以根据自己的使用习惯，设置为中文界面。

要将Discord设置为中文，用户需按照以下步骤进行操作：首先单击界面左下角的齿轮形状用户设置图标，如图3-5所示。然后向下滚动，找到并选择"语言（Language）"选项，选择要使用的语言，这里选择"中文（简体）"选项。此时，Discord将切换为中文界面。

图3-5 用户设置图标

3.3 Midjourney的基本操作

进入Midjourney官方服务器后，接下来用户便可以开始学习Midjourney的基础操作，本节将介绍私人房间的创建、图像的生成与编辑、新功能的介绍以及图像的保存等操作。

3.3.1 创建私人房间

使用Midjourney进行图像生成时，如果使用公共频道，则很容易被其他用户的消息刷掉，为了避免干扰，最好先建立一个服务器。创建私人房间的具体操作步骤如下。

步骤01 用户可以单击图3-6的绿色加号按钮添加服务器。

步骤02 在打开的创建服务器面板中选择"亲自创建"选项，如图3-7所示。

步骤03 在弹出的界面中选择"仅供我和我的朋友使用"选项，如图3-8所示。

图3-6 添加服务器　　图3-7 选择"亲自创建"选项　　图3-8 选择"仅供我和我的朋友使用"选项

步骤04 打开"自定义您的服务器"界面，在"服务器名称"文本框中输入新建服务器的名称，如图3-9所示。用户还可以单击UPLOAD按钮图标设置服务器头像，以方便下次寻找服务器。单击"创建"按钮，完成服务器的创建。

步骤05 在主界面左上角可以看到刚刚创建的服务器，设置头像后的效果如图3-10所示。

图3-9 命名新服务器　　图3-10 查看创建的服务器

步骤06 聊天框会出现图3-11的界面，显示了刚刚设置的服务器名称。

步骤07 下一步将Midjourney机器人拉进服务器。单击图3-6上面的帆船图标，进入Midjourney界面，单击"显示成员名单"图标，如图3-12所示。

图3-11 聊天界面

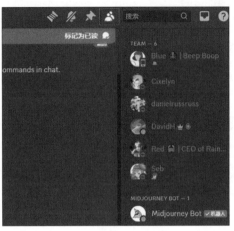

图3-12 单击"显示成员名单"图标

步骤08 在Midjourney Bot中单击"添加APP"按钮，如图3-13所示。

步骤09 选择之前创建好的服务器，就可以将Midjourney Bot添加到用户的服务中了，如图3-14所示。

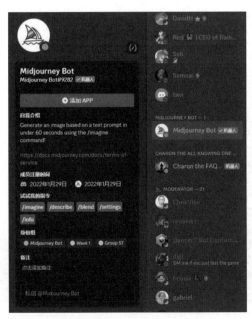

图3-13 单击"添加 APP"按钮

图3-14 将 Midjourney Bot 添加至服务器

小提示：通过验证

在步骤09中，选择添加到服务器的相关选项后可能需要进行验证，用户只需要选择与验证描述相符的图像即可完成验证。

3.3.2　图像生成

Midjourney是根据提示指令进行图像生成的，其绘画风格多变，可以进行包括用户界面设计、游戏角色创作、包装设计和室内设计等。本小节将介绍如何使用Midjourney生成图像。使用Midjourney生成的动漫少女图像效果，如图3-15所示。

下面介绍使用Midjourney进行图像生成的具体方法，步骤如下。

步骤01 在创建的服务器下方单击输入框左侧的加号图标，在打开的列表中选择"使用APP"选项，如图3-16所示。

步骤02 找到Midjourney，选择"/imagine"选项，如图3-17所示。然后在imagine中输入想要生成图像的关键字（英文）。

步骤03 现在来测试一下吧。首先在输入框中输入需要生成图像的描述信息，这里输入"prompt girl"，然后按下回车键发生信息，如图3-18所示。

图 3-15　动漫少女

图 3-16　选择"使用 APP"选项

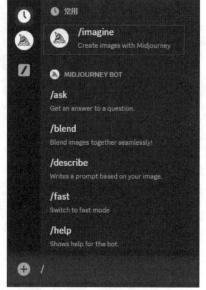

图 3-17　选择"/imagine"选项

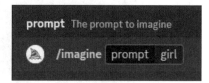

图 3-18　输入描述信息

步骤04 等待一段时间后，Midjourney便根据我们输入的描述信息生成了四张"girl"图像，如图3-19所示。

图 3-19　Midjourney 自动生成的"girl"图像

小提示：停止图像生成

在输入框中输入需要生成图像的描述信息后，Midjourney会自动开始生成一张新的图像。我们可以在页面上观察图像生成的过程，如果不满意，可以通过单击Stop按钮来停止生成过程，它便会停止在生成的过程中，如图3-20所示。

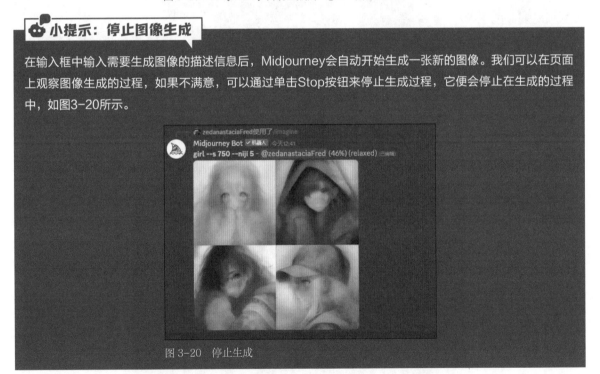

图 3-20　停止生成

3.3.3　编辑生成的图像

如果对Midjourney生成的图像比较满意，想要对其中的一张或几张图进行再生成，直到生成所需的图像，用户还可以对生成的图像进行编辑。下面我们将以之前生成的"girl"图像为例，介绍如何对生成的图像进行编辑。

步骤01 在上一小节我们生成"girl"图像时，首先使用1、2、3、4分别对这4张图像进行编号，U1~U4和V1~V4表示对对应的图像做U（Upscale，升档）操作或者V（Variations，变体）操作，重做按钮表示按刚刚的提示重新生成4张图像，如图3-21所示。

步骤02 如果我们对第3张较为满意，可以单击U3按钮，然后单独将其生成最终大图，如图3-22所示。

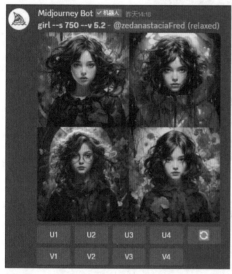

图 3-21 选择要编辑的图像

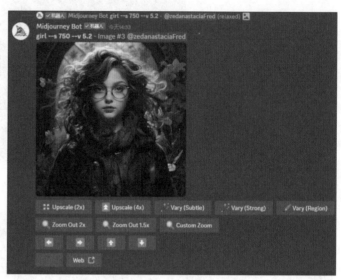

图 3-22 生成最终大图

步骤03 如果想围绕图3进行Variation操作，则单击V3按钮。Midjourney将再次生成4张类似的图像，如图3-23所示。

图 3-23 生成 4 张类似的图像

3.3.4 Midjourney 新功能介绍

Midjourney在V5.2版本中加入了几项十分亮眼的新功能，使用这些新功能用户可以无限扩展其生成图像的视野，同时保持跟原始生成图像的细节相同。通过这些功能，用户还可以解锁更广阔的视角，并在AI创作中探索新的视觉维度。下面让我们来认识一下这些新功能吧。

（1）延展功能

在Midjourney Model V5.2版本中，用户可以对生成的图像进行上下左右的再次延伸。我们可以在图3-22中看到，生成最终大图的下方会有上下左右的箭头，此时单击向下的箭头，图像便会向下延伸并补充细节，再次生成4张图像，如图3-24所示。如果单击向上的箭头，则会向上延伸画面并再次生成4张图像，如图3-25所示。如此，我们便能对生成的图像进行延伸再创作了。

图 3-24　向下延伸

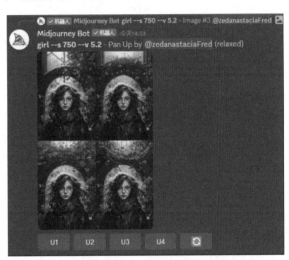

图 3-25　向上延伸

（2）Upscale功能

除了延展的功能，Midiourney V5.2版本还新增了Upscale功能，如图3-26所示。

我们知道在fast模式下，Midjourney生成的默认图像大小是1024×1024像素。这些图像在印刷等用途中如果需要更高的分辨率，我们可以

图 3-26　图像的编辑选项

借助无损高清放大工具，提高图像的尺寸和分辨率。图3-26中的Upscale功能，可以将图像分辨率成倍放大。单击Upscale（2x）和Upscale（4x）按钮，分别可以将生成图像的像素放大2倍或者4倍。

Zoom Out（放大镜图标）也是Midiourney V5.2版本的新功能，该功能可以将相机拉出，并填充所有侧面细节，达到重构图像的效果。用户可以尝试将原始图像放大至2倍并保留细节，查看产生的惊人效果。

此外，单击Custom Zoom（自定义缩放）按钮，还可以自定义图像的缩放比例，这个功能应用起来非常灵活，用户可以自己尝试使用。

3.3.5　重新生成图像

如果用户对生成的一组图像不满意，想要再次生成一组该怎么办呢？让我们回到图3-21的步骤中，单击图像下方的Generate again（刷新）按钮重新生成一组图像，如图3-27所示。Midjourney会不断地尝试生成新的图像，直到用户满意为止。

我们也可以再次选择"/imagine"选项，在/imagine文本框中重新输入提示词"girl"进行再次生成，生成了一组新的"girl"组图，如图3-28所示。

图 3-27　单击 Generate again（刷新）按钮

图 3-28　新生成的组图

3.3.6　保存生成的图像

如果用户对生成的图像十分满意，可以将图像保存下来。

首先鼠标右键选择想要保存的图像，在弹出的快捷菜单中选择"保存图片"命令，如图3-29所示。稍等一会儿，在弹出的"另存为"对话框中选择图像要保存的位置，单击"保存"按钮，如图3-30所示。

图 3-29　保存图像

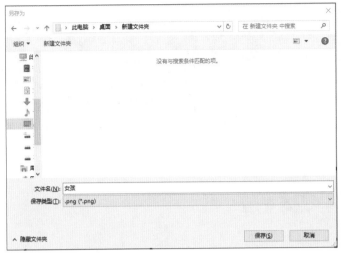

图 3-30 "另存为"对话框

小提示：网页保存方法

如果图像保存卡顿，并显示保存失败，用户可以选择"在浏览器中打开"或者"复制图片地址"选项，如图3-31所示。在浏览器中打开后，鼠标右键单击图像，在弹出的快捷菜单中执行"图片另存为"命令进行图像保存，如图3-32所示。

图 3-31 选择网页打开   图 3-32 另存图像

第 4 章

Prompt 指南

　　Prompt在人工智能语言生成领域扮演着非常重要的角色，在Midjourney中，通过Prompt可以把我们的想法和意图传达给AI，从而得到想要的设计图。一幅优秀的AI画作并不是随机出现的，它需要明确的引导来实现特定的艺术效果。精准地使用Prompt生成优秀的AI画作，可以提高生成效率，使生成的画面更美观、更符合预期。

　　提示词是MJ机器人解释以生成图像的简短文本短语。MJ机器人将提示词中的单词和短语分解为较小的部分（称为令牌），可以与其训练数据进行比较，然后用于生成图像。精心制作的提示词可以帮助用户生成独特而令人满意的图像。

4.1　Prompt指令包括的内容

　　Midjourney利用自然语言处理技术来理解和解释用户提供的文本描述，并基于这些描述生成对应的图像内容。这意味着提示词的质量和准确性直接影响生成图像的相关性和精细度。下面笔者将为用户整理一些Prompt的指令公式。

　　Prompt的指令包括图像的具体描述、角色的动作、角色的特征、角色的情绪、画面的视角、画面的构图大小、色彩的表达、环境的描述和画风的描述等内容。

　　例如，在服务器聊天框中选择"/imagine"选项，在/imagine文本框中输入"A girl by the seaside,White hair,sunlight,swimwearUltrawide shot,Jaunty,Happy,Blue skyand white clouds,Bright and soft colors，Qlowing eyes,Realistic Restoration　--ar 16：9 --niji 5 --s 750 --no glare"（海边的一个女孩，白发，阳光，泳装，超广角镜头，欢快的，快乐，蓝天白云，明亮柔和的色彩，低垂的眼睛，逼真的还原　--ar 16：9 --niji 5 --s 750 --no glare），等待一会儿，我们便得到了一组海边的少女图像，如图4-1所示。

图4-1　海边少女

🐷 小提示：--no设置

　　上面的提示词用到了--no glare（不要炫光/强光），是因为Midjourney在图像生成的时候，地平线位置出现了大片金黄色的强光，此时直接使用--no 参数设置，以便得到满意的图像。

　　以上便是Prompt指令包括内容的具体操作示范，用户可能会觉得一堆英文字母晦涩难懂，下一节我们将对Prompt的原理进行拆分讲解，并最终整合。

4.2 内容描述

不管是小说、电影、戏剧，还是漫画等，它们的核心都是故事，好的故事一定有好的情节和主题。Midjourney图像生成也遵循这个道理，一幅好的AI作品一定是用丰富、精准的提示词构建出来的。

人物的描述，包括人物在做什么事、什么样的动作、穿着什么样式的衣着、什么发色、什么发饰、什么情绪等细节。

例如，我们在网上经常看到的一些AI绘画的分享，质量好的AI图像总能获得很多人的喜爱和关注，如图4-2所示。很多人不知道如何生成精致的AI图像，会觉得这些AI绘图博主生成的AI图很好看并关注他/她。现在我们也来按照这些AI绘画博主分享的提示词试一下吧。

图 4-2 网络上的 AI 绘画分享

我们将图4-2图像的提示词复制下来，具体为：It's spring, a super cute little girl IP sitting on a huge flower as if dreaming, sunny day, chibi, 3D, natural lighting, full body portralt,8kbest quality, super detail, super detail, Ultra HD --ar 3：4（春天来了，一个超级可爱的小女孩IP坐在一朵巨大的花上仿佛在做梦，阳光明媚的日子，赤壁，3D，自然光，全身人像，最高质量，超细节，超高清）

"春天来了，一个超级可爱的小女孩IP坐在一朵巨大的花上仿佛在做梦，阳光明媚的日子。"这就是图像的内容描述。

现在我们在/imagine中输入刚刚复制的提示词，如图4-3所示。等待一会儿，便得到了图4-4的组图，可以看出生成的图像与图4-2博主生成的图像效果非常相似。多去收集网络上的优秀AI博主的帖子，学习他们的Prompt描述，这样我们也可以生成精美的图像。

用Midjourney讲好故事的内容，一般就能生成用户想要的图像。学会描述要生成图像的内容是AI绘画的基础。

图4-4 阳光下的女孩

图4-3 复制提示词

4.3 风格描述

每一位艺术创作家都有自己的艺术风格，虽然同是以书籍、漫画、广告和电影等作为媒介，但是不同的艺术家的风格却是大相庭径。Midjourney也融合学习了诸多艺术风格，如图4-5所示。

图4-5 不同的艺术风格

在Midjourney的描述中加入一些绘画风格描述，就能生成我们想要的风格。风格描述是能否生成让用户满意的AI图像的一个重要条件。Midjourney的风格多而广，在网络上可以搜索到大量的Midjourney风格艺术整理，用户可以在其中找到自己喜欢的艺术风格并保存它的提示词。接下来我们来了解一些实用的艺术风格。

（1）分析绘图风格

分析绘图是对物体或者人物进行分析，不仅要绘制出图像的结构，还要写出数据。使用分析图提示词：analytic drawing of a table --v 5.2（桌子的分析图），稍微等待一会儿，我们便得到图4-6的生成效果。

（2）填色绘本风格

填色绘本风格一般是在绘本中上色，绘本的图案明显，线条流畅，以供初学者上色。使用填色绘本提示词：tiger,coloring book --v 5.2（老虎，填色书），稍等一会我们便得到了填色绘本风格的老虎图像，如图4-7所示。

图 4-6　桌子分析图

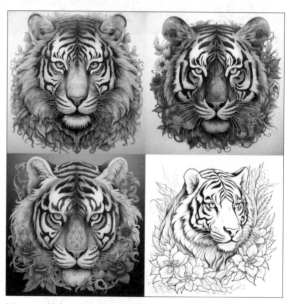

图 4-7　填色绘本风格的老虎图像

（3）等距动漫风格

在动画设计中，2.5D等距插画风可以用来创造各种角色和场景。这种插画风格不仅可以展示立体感，还可以营造出不同的情绪和气氛。使用等距动漫风格提示词：3d 32-bit isometric anime bakery with an old woman --v 5.2（3d 32位 等距动漫 面包店与一位老妇人），生成的图像效果如图4-8所示。

（4）像素艺术风格

像素风格是一种源自电子游戏的艺术风格，这种风格通过精心操纵图像中的单个像素来创建独特的视觉效果。使用像素艺术风格提示词：Pixelated Valley landscape --v 5.2（像素化山谷景观--v 5.2），生成的图像效果如图4-9所示。

图4-8 老妇人与面包店

图4-9 像素风山谷

（5）动漫肖像艺术风格

动漫风格是将人物平面化、可爱化、夸张化的风格，其中以日式动漫和欧美动漫两类最为成熟。使用动漫风格提示词：cute girl, anime art --v 5.2（可爱的女孩，动漫艺术），生成的图像效果如图4-10所示。

图4-10 动漫少女

小提示：Niji.journey模组

Niji.journey是Spellbrush和Midjourney合作开发的一款针对二次元动漫风格的专用工具，继Midjourney V5发布之后，作为二次元风格AI绘画的头号种子选手，Niji.journey也很快发布了V5版本。例如，在该版本中输入"cute girl, anime art --niji 5"指令,生成的图像效果如图4-11所示。

图 4-11　niji 模组的"动漫少女"

（6）水彩风景艺术风格

水彩画是用透明颜料作画的一种绘画方法,简称水彩。使用水彩风景艺术提示词:watercolour sketch of new zealand landscape with sheep --v 5.2(新西兰绵羊风景水彩素描),生成的图像效果如图4-12所示。

图 4-12　水彩画风格

（7）迪士尼风格

迪士尼是著名的动画公司，它塑造的艺术风格十分独特。在提示词中添加"迪士尼（Dinsey）"这个描述词，可以让画面变得更加卡通。使用迪士尼风格提示词：Children's book illustration, a group of animals the castle, pastel color, light pink and blue, Disney, diorama, cartoon, cute, clean background--v 5.2，生成的图像效果如图4-13所示。

图 4-13　迪士尼风格

（8）梦幻风格

梦幻风格是一种浪漫而神秘的设计风格，是童话绘本经常运用的风格。使用梦幻风格提示词：Children's night chapter, soft color, and dreamy landscapes, harmonious composition, panoramic scale, birds-eye-view, illustrative --v 5.2，生成的图像效果如图4-14所示。

> **小提示：氛围提示词**
>
> 在进行图像生成时，我们可以给自己的画面添加氛围描述词，添加氛围描述词可以更好地控制生成画面的整体风格。大家可以将Colorful（丰富多彩的）、Contrasting Color（对比色）、Pastel Color（柔和的颜色）、Soft Color（柔和的色彩）、Vibrant and vivid color（色彩鲜艳生动）等描述词添加到自己的提示词里。

（9）碧翠丝·波特风格

碧翠丝·波特（Beatrix Potter）是一位英国童书作家与插画家，她的作品以细致入微的插画和温馨的故事情节著称，形成了独特的"碧翠丝·波特风格"。使用碧翠丝·波特风格提示词：A group of bears, in the woods, with a small villa, Beatrix Potter --v 5.2，生成的图像效果如图4-15所示。

图 4-14 梦幻风格

图 4-15 碧翠丝·波特风格

（10）《爱丽丝梦游仙境》风格

《爱丽丝梦游仙境》风格的特点是奇幻、冒险，充满梦幻童话的色彩。使用《爱丽丝梦游仙境》风格提示词：Children's book illustration, soft color palette, whimsical and dreamy landscapes, in the style of alice in wonderland, panoramic scale, birds-eye-view --v 5.2，生成的图像效果如图4-16所示。

（11）乔恩·伯格曼风格

乔恩·伯格曼（Jon Burgerman）是一位英国艺术家，以俏皮而多彩的艺术作品而闻名。他的插画作品经常结合幽默和流行文化，风格独树一帜。使用提示词：A panda is driving a car, by Jon Burgerman --v 5.2，生成的图像效果如图4-17所示。

图 4-16 《爱丽丝梦游仙境》风格

图 4-17 乔恩·伯格曼风格

（12）基思·尼格利风格

基思·尼格利（Keith Negley）的风格结合了大胆的线条和鲜艳的色彩来传达复杂的情感和叙事。使用提示词：A monster is in the forest，Keith Negley, psychedelic illustration, intricate, mysterious nocturnal scenes --ar 4：5，生成的图像效果如图4-18所示。

图 4-18 基思·尼格利风格

（13）卷纸艺术风格

卷纸艺术（Quilling Paper Art）风格是一种使用纸条卷起、弯曲、组合成各种形状的手法，制作出各种具有立体感的艺术品的手工艺术形式。在该艺术风格中，通常先卷起彩色纸条，再通过各种方式将其固定在纸板或其他材料上，创造出各种花卉、动物、人物、字母等图案。使用提示词：quilling paper art, a French lavender farm with rolling hills and a big tree --ar 2：3 --v 5.2，生成的图像效果如图4-19所示。

图 4-19 卷纸艺术风格的效果

（14）科幻全息图效果

全息影像（Hologram）是一种通过光学技术创造出逼真三维影像的效果。它利用了光的干涉和衍射原理，通过记录和再现光的相位和振幅信息，使得观察者可以看到似乎悬浮在空中的立体影像。使用提示词：Aerial view, a car driving through the mountains highway, A futuristic and modern road in powerfulgraphic 3d hologram has a futuristic glow gradient overlay, autonomous cars, photorealism--ar, 3：2--v 5.2，生成的图像效果如图4-20所示。

图4-20 科幻全息效果图

（15）飞溅效果

在使用Midjourney生成有液体的图像时，通常需要使用提示词"splash"来表现液体飞溅的效果，这样才可以让画面更有动感，并通过表现飞溅液体的透明度来塑造图像的质感。使用提示词：point of view camera half submerged in the ocean, above the water background with a colorful sunset, transparent splash of water --ar 3：2--v5.2，生成的图像效果如图4-21所示。

图4-21 物体飞溅

小提示：其他风格和提示词参考

除了上述列举的艺术风格，Midjourney还包含了更多的艺术风格，表4-1列出了更多艺术风格和提示词的参考。

表4-1　艺术风格和提示词参考

艺术风格	提示词参考	艺术风格	提示词参考
哑光漆	matte painting	Impasto 绘画	Impasto painting
虚幻引擎渲染	unreal engine render	Sfumato 涂装	Sfumato painting
在 Maya 中渲染	rendered in maya	拜占庭马赛克	Byzantine mosaic
在 ZBrush 中渲染	rendered in zbrush	Grisaille 绘画	Grisaille painting
在 C4D 中渲染	rendered in C4D	透视画	Perspective painting
3D VR 绘制	p3D VR painting	苏门答腊州索托	Sotto In su
1950 年代纸浆科幻封面	1950s pulp sci-fi cover	浮世绘	Ukiyo
8k 分辨率	8k resolution	巴洛克绘画	Baroque painting
数字绘画	digital painting	发光绘画	Luminism painting
高度详细	highly detailed	低多边形	low-poly
矢量图像	vector image	波普艺术	pop art
略图的	schematic	RTX 开启	RTX on
艺术摄影	artistic photograph	漫威漫画	Marvel Comics
监控录像	surveillance footage	佛兰德巴洛克风格	Flemish Baroque
涂鸦	graffiti	vray 跟踪	Mech
雕塑	sculpture	Playstation 5 屏幕截图	Playstation 5 screenshot
维杜塔绘画	veduta painting	2d 游戏艺术	2d game art
湿壁画	Fresco painting	超现实主义	surrealist
明暗对比绘画	Chiaroscuro painting	故事书插图	storybook illustration
水粉画	Gouache Painting	胶片	film
蛋彩画	Tempera Painting	荷兰黄金时代	duch golden age

4.4　构图描述

构图也是决定画面丰富与否的重要因素，它和上一节的风格描述一样是AI绘画提示词的重要部分，我们可以将构图分为场景与视角两个方面。

4.4.1　场景描述

场景是指戏剧、电影中的场面，泛指情景。影视剧中，场景是指在一定的时间、空间内发生的一定的任务行动或因人物关系所构成的具体生活画面。

比如场景的地点、地势、地貌和画面视角（正视图、侧视图、俯视图、仰视图、顶视图等）、灯光角度（逆光、顶光、侧光、轮廓等）、冷暖（太阳光、冷光、暖光、赛博朋克光等）、构图（居中构图、对称构图、S形构图、对角线构图、水平构图等）、拍摄仪器等。

4.4.2　视角描述

视角是观察物体时，从物体两端(上、下或左、右)引出的光线在人眼光心处所成的夹角，物体的尺寸越小，离观察者越远，则视角越小。绘画也是对视角的一种呈现，表4-2将对这些视角进行介绍。

表4-2　常用视角提示词参考

视角提示词	特写视角提示词	特殊视角提示词
鸟瞰图 Bird's-eye view	卫星视图 satellite view	高角度视图 high angle view
底视图 Bottom view	特写视图 closeup view	黄金分割 Golden Ratio
后视图 rear view	极端特写视图 extreme closeup view	第一人称视角 first-person view
第三人称视角 third-person perspective	广角镜头 Wide- angle view	等距视图 isometric view
两点透视 two-point perspective	移轴 Tilt-Shift	三点透视 Three-point perspective
第一人称视角 first-person view	产品展示 Product View	大特写 Large close-up

下面列举一些比较常用的拍摄视角的提示词以及Midjourney最终生成的效果图。

（1）鸟瞰Bird's-eye view

例如，要生成一张海边小木屋的鸟瞰图，将准备好的提示词 "seaside, log cabin, Bird's-eye view, Top view composition, coconut trees, sea mew, anime --ar 2∶3 --v 5.2"（海边，小木屋，鸟瞰图，俯视构图，椰子树，海景，动漫）输入到/imagine中进行生成。稍等片刻，我们将得到图4-22的效果。

（2）仰视Bottom view

我们可以参考网络上一些博主提供的视角提示词，也许会生成惊艳的组图哦。图4-23的提示词是 "One girl, long legs, look up, epic shot, Fashion style, dynamic pose, realistic style, HD, bright scene, commercial photography, 32k --ar 5∶6 --v 5.2"（一个女孩，长腿，仰视，史诗般的拍摄，时尚风格，动态姿势，逼真风格，高清，明亮的场景，商业摄影），我们生成的图像效果如图4-24所示。

图 4-22　鸟瞰海边木屋

图 4-23　视角提示词参考

图 4-24　仰视角的少女

（3）极限特写extreme closeup view

当摄影机非常靠近被摄对象，只能拍到一部分细节，比如眼睛或嘴巴。提示词"a cat extreme closeup view --v 5.2"生成的图像效果，如图4-25所示。

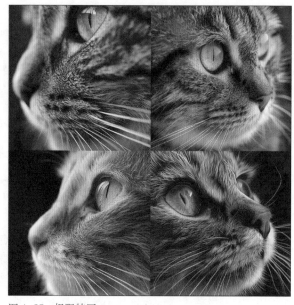

图4-25　极限特写

（4）卫星视图satellite view

卫星视图通常展现的是由卫星从太空中拍摄地球或其他天体的效果。提示词"There is a small town on an island,sea,Satellite View --v 5.2"生成的图像效果，如图4-26所示。

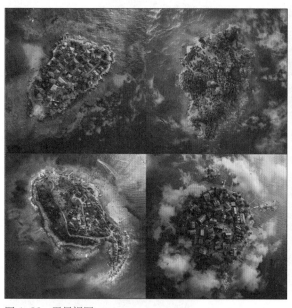
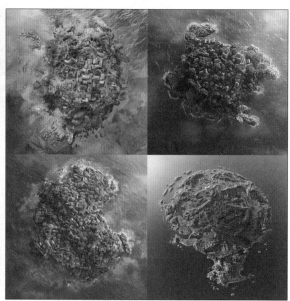

图4-26　卫星视图

（5）移轴Tilt-Shift

移轴是一种摄影或视频的效果，通过使用特殊的镜头或后期处理，来改变图像的焦平面和视角，使得拍摄的物体看起来像微缩模型一样。提示词"European towns,real,vehicle,People come and go,4k,Tilt-Shift – ar 1：1"生成的图像效果，如图4-27所示。

图 4-27 移轴视角图

（6）产品展示Product View

产品展示是一种广告上的视角，由摄影机拍摄商品的特点和优势，可以表现出吸引力和诱惑力。提示词"A camera,Product View"生成的图像效果，如图4-28所示。

（7）第一人称视角First-Person View

这是一种电子游戏中的视角，玩家通过游戏中角色的眼睛观察场景和人物。提示词"A group of people ride a roller coaster,stimulating,day,First-Person View,4k"生成的图像效果，如图4-29所示。

图 4-28 相机的产品展示图　　　　　　　　　图 4-29 第一人称视角过山车图

（8）第三人称视角Third-Person View

这是一种电子游戏中的视角，由玩家从被摄对象的后方或侧方观察场景和人物。这种方式可以表现出客观和全面的感觉，也可以展示被摄对象的外貌和动作。提示词"A cowboy riding a horse is walking in a small town,west, revolver,windcloak,Cowboy hat,4k,Third-Person View"生成的图像效果，如图4-30所示。

小提示：拓展学习

网络上有许多的视角提示词，其他没有展示的视角用户可以自己一一尝试。

图4-30　第三人称视角的牛仔图像

4.5　参数描述

为了更精确地描述画面构图，我们通常需要细微调整提示词中的相关参数。那么什么是参数呢？

参数是添加到提示词的选项，用于更改图像的生成方式。参数总是添加到提示符的末尾。用户可以为每个提示添加多个参数。

参数目前主要分为四类，分别为基本参数、模型版本参数、升频参数和其他参数。

4.5.1　基本参数

本小节将对Midjourney的基本参数进行介绍，具体如下。

◎ --aspect或--ar（纵横比）

--aspect或--ar参数用于更改生成图像的宽和高比例。例如，我们在图4-31的提示词末尾添加--ar 5：6或 --aspect 5：6。

14:45　**One girl, long legs, look up, epic shot, Fashion style, dynamic pose, realistic style, HD, bright scene, commercial photography, 32k --ar 5:6**

图 4-31　设置图像宽高比

◎ --chaos或--c（混沌）

--chaos或--c参数会影响初始图像网格的变化，高--chaos值将产生更多不寻常或意想不到的结果和成分；较低--chaos值具有更可靠、可重复的结果。

例如，在图4-32的提示词末尾添加--c 100或--chaos 100（数值范围：0～100，默认为0）。

> One girl, long legs, look up, epic shot, Fashion style, dynamic pose, realistic style, HD, bright scene, commercial photography, 32k --ar 5:6 --c 100 --v 5.2 - @nananana (relaxed)

图4-32 设置chaos

最后得到图4-33和图4-34的效果，可以看出两张图像的差异还是很大的。

图4-33 --chaos为50生成的图像　　图4-34 --chaos为100生成的图像

◎ --no（去掉）

提示词末尾添加--no参数，Midjourney会试图从图像中移除我们不需要的物体。例如，在提示词的末尾添加--no plants，Midjourney会试图从图像中移除植物。

◎ --q.5或--q（图像质量）

设置生成图像的质量，更高质量的设置需要更长的时间来处理和产生更多细节。例如，我们在图4-35的提示词末尾添加"--q.5"或"--quality.5"（数值范围：0.25～2，默认为1），将生成一张精致的图像。

◎ --seed（种子）

--seed的值只影响初始图像网格，使用seed这个参数，意味着生成图像前所用的初始元素都是类似的，使用相同的种子编号和提示，将产生相似的结束图像。如图4-36所示。

图 4-35 --q 参数

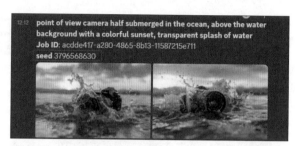

图 4-36 种子数

◎ --stop（停止）

使用--stop参数时不会影响作业。但是，停止会产生更柔和、不精细的图像，会影响最终生成的结果。例如，在提示词的末尾添加"--stop 70"（数值范围：10～100，默认100），图像会生成至70%的完成度，如图4-37所示。

图 4-37 stop 参数生成

◎ --s（风格化程度）

风格化的数值越高，画面表现也会更具丰富性和艺术性。例如，在提示词的末尾添加--s 100 或--stylize 100。

◎ --tile（平铺）

使用--tile参数生成的图像，可以创建重复的瓷砖、织物、壁纸和纹理等无缝图案。例如，在提示词的末尾添加--tile，得到图4-38的效果。我们选择第一张图片，将其拼接成无缝图案，如图4-39所示。

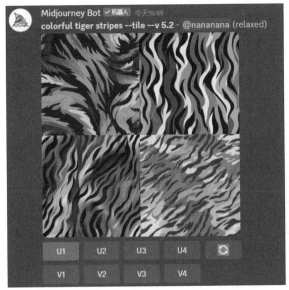

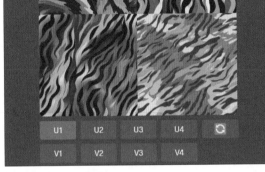

图 4-38　--tile 生成

图 4-39　无缝拼接

4.5.2　升频参数

Midiounev初始生成的图像分辨率较低，升频参数则是对用户选中的图像进行放大并添加更多细节。生成图像下方的一组选项按钮便是升频参数，如图4-40所示。

图 4-40　升频参数所在位置

（1）--Upscale
如果用户想要更细微的放大效果，可以单击Upscale (Subtle)按钮；如果用户想要更创造性的放大效果，可以单击Upscale (Creative)按钮。

（2）--Vary
使用放大图像下的 Vary (Strong) 和 Vary (Subtle) 按钮，可以使生成的图像产生强烈或微妙的变化。

（3）--Zoom Out
Zoom Out按钮允许用户扩展放大图像的画布，同时保持原始内容完整，根据提示和原始图像提供的指导来填充扩展画布。

4.5.3 模型版本参数

模型版本是指Midjourney定期发布的新的模型版本，用以提高生成图像的效率、连贯性和质量。不同的模型擅长生成的图像也会不同。如图4-41所示。

图4-41 版本型号

（1）--niji

--niji更多专注于动漫风格，例如在提示词的末尾添加--niji，即可切换为此风格。

（2）--hd

高清，可以生成更大、更清晰的图像，例如在提示词的末尾添加--hd。

（3）--test/--testp

偶尔会发布新模型，供社区测试和反馈，它们可以与--creative参数组合，以获得更多样化的组合。例如在提示词的末尾添加--test/--testp。

（4）--v

version，版本型号

4.5.4 其他参数

其他参数在Midjourney中并不常用，与基本参数和模型版本参数等相比，用户对它的使用可能并不多。

（1）--creative

与test和testp模型结合使用，使其结果更加多样化和具有创造性，使用时，直接在提示词的末尾添加--creative。

（2）--iw

--iw即图像权重，用于调整图像提示和文本提示之间的权重比例。数值越高，参考图对绘图结果的影响越大。V5模型支持0.5至2的数值范围。例如我们在提示词的末尾添加--iw 0.5，Glass textured flowers, anthropomorphic, anime, girl, Shiny, luminescence, 4k, black background –ar 3：4 –iw 0.5，然后进行生成。效果如图4-42所示。

图 4-42　--iw 权重对原图的影响

（3）--sameseed

指定--sameseed时，初始网格中的所有图像都使用相同的起始噪声，并将产生非常相似的生成图像。在提示词的末尾添加--sameseed 12345（数值范围：0～4294967295）。

（4）--video

把视频生成的过程发送到私信，单击链接可以下载视频。具体操作步骤如下。

◎ 在提示词的末尾添加--video；

◎ 工作完成后，单击添加反应；

◎ 选择信封表情符号；

◎ Midjourney机器人会将视频链接发送到用户的直接消息；

◎ 单击链接，在浏览器中查看视频，右键单击或长按下载视频。如图4-43所示。

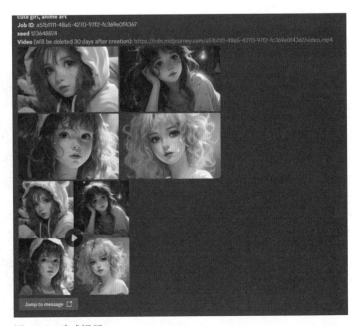

图 4-43　生成视频

4.6　与ChatGPT结合使用

　　Midjourney能为用户生成惊艳的图像。然而Midjourney的提示词并不像ChatGPT的提示词写起来那样自然、符合人类的语言习惯，如果我们能够把这两款AI工具结合起来使用，可以发挥强大的威力吗？

　　其实我们可以在Discord中直接调用ChatGPT，即在左侧菜单栏中找到绿色按钮搜索公开服务器，单击探索可发现的服务器。如图4-44所示。

　　我们在搜索栏中输入ChatGPT，就可以搜索到ChatGPT社区了。搜索并添加ChatGPT机器人，如图4-45所示。

图 4-44　"探索可发现的服务器"

图 4-45　搜索 ChatGPT 社区

　　与Midjourney一样，单击上方的隐藏成员名单，在右侧弹出来的名单中找到ChatGPT机器人，将其添加到用户的服务中就可以了。如图4-46所示。

图 4-46　将 ChatGPT 添加至服务器

添加成功后回到我们的服务器，单击使用APP，找到CHATGPT机器人，选择/question，然后我们告诉ChatGPT想生成什么图像，可以输入中文，它会直接为客户生成提示词。如图4-47所示。

例如，我们想要设计一幅童话般的森林图像，其中有女孩和小动物，我们可以将要生成的内容输入/question中。如图4-48所示。

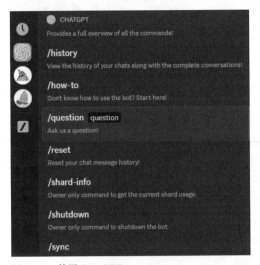

图 4-47　使用 ChatGPT

图 4-48　输入问题

稍等一会，就会生成一系列的提示词：Fairytale forest, Girl, Small animals, Enchanted, Magical, Adventure, Friendship, Playful, Whimsical, Exploration, Treasure hunt, Forest party, Squirrel, Rabbit, Cute, Joy, Happiness, Beautiful, Cozy, Heartwarming（童话森林，女孩，小动物，迷人，魔法，冒险，友谊，嬉戏，恶作剧，探索，寻宝，森林派对，松鼠，兔子，可爱，快乐，幸福，美丽，舒适，温暖）。如图4-49所示。

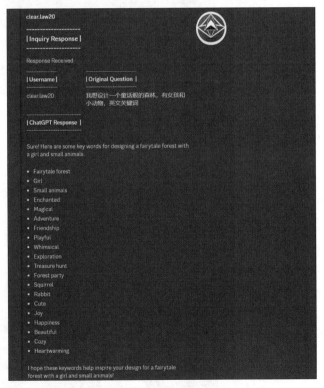

图 4-49　生成的提示词

现在我们将提示词输入到Midjourney的/imagine中，加上4k等分辨率提示和尺寸设置，然后就可以按下回车键进行生成了。如图4-50所示。

图 4-50　运用生成的提示词进行图像生成

稍等片刻，我们得到了生成的图像，可以看到图像的元素符合童话森林般的感觉。如图4-51所示。

图 4-51　生成图像

生成的第二张图像很符合笔者的想象，可爱的小女孩和动物给人温馨的感觉，我们单击下方的U2按钮，就可以单独得到图像了。如图4-52所示。

图 4-52　童话般的森林与小女孩

第 5 章

Midjourney 的进阶

在上述章节中我们学习了关于Midjourney的基本操作和Prompt提示词的相关知识，在本章中主要解决的问题是：如何让生成的图像变得相对可控。通过前面章节的示例可以发现Midjourney的随机性很高，即使输入相同的提示词，但每次输出的结果都会不同。在日常工作中，当我们需要精准产出符合客户要求的图像，但却怎么都不符合预期时，不断地尝试十分费时费力。

而Midjourney的进阶操作就是为了减少误差，将生成的图像尽量变得可控。用户学会进阶操作可以大大提升工作效率。下面将对Midjourney的进阶操作进行详细的讲解。

5.1　基于参考图像生成图像

Midiourney不仅可以根据提示指令生成图像，还可以进行图生图的操作。在本节中，我们将学习如何基于参考图像生成图像。

（1）上传参考图

想要基于参考图像生成图像，要先选中用户想要生成的图像，点击聊天框的加号上传需要生成的图像，如图5-1所示。然后会弹出选择文件的界面，选择我们想要进行图生图的对象，这里选择卡通头像，如图5-2所示。

图 5-1　上传文件

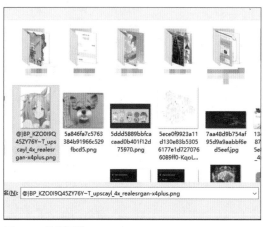

图 5-2　选择图像

（2）复制图像地址

之后图像便会出现在我们的聊天框中，如图5-3所示。单击"复制图片地址"按钮，并注意链接后缀是否是png或jpg格式。如图5-4所示。

图 5-3　图生图对象

图 5-4　复制图像地址

（3）粘贴图像地址

将刚才复制的链接粘贴到/imagine聊天框中。如图5-5所示。

图 5-5 粘贴图像链接

（4）输入描述词

粘贴完在链接后空一格再输入描述词，例如，输入描述词"A girl,Orange hair,Golden eyes, portrait, anime"（一个女孩，橙色的头发，金色的眼睛，肖像，动漫）。如图5-6所示。

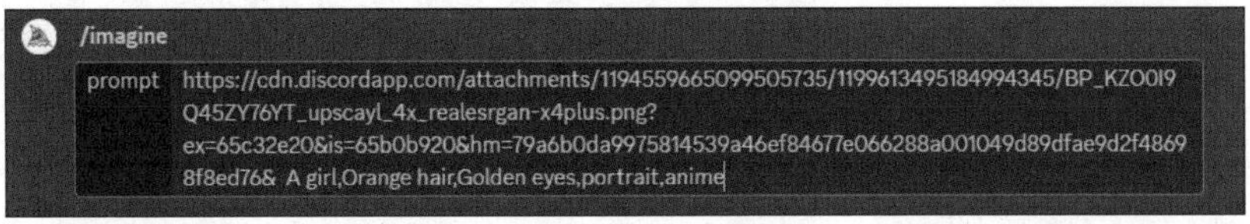

图 5-6 输入描述词

按下回车，片刻后便能得到基于参考图像生成的图像。可以看出以图像生成的图像和原图有一定的联系且大致相似，但基于AI绘图的强大功能，生成的新图像会补充更多的细节。如图5-7所示。

图 5-7 图生图结果

5.1.1 垫图

垫图的基本逻辑是"垫图（图像链接）+宫崎骏动漫风格（输入一个用户想要的风格）=相似的结构和新的风格"。在上一个小节我们学会了基于参考图像生成图像，接下来我们将学习垫图的具体操作方法。

　　首先，准备一张人物照片，如图5-8所示。将图像的地址复制并粘贴到/imagine聊天框中，在图像地址后面输入"Brown hair,braid,Women's black suit,White shirt,Checkered bow,the setting sun,black hat,movie light,A happy expression,anime style --ar 3：5 --iw .5"（iw权重是为了调整人物风格的，不能太大）。

　　片刻后我们便得到了图5-9所示的图像。

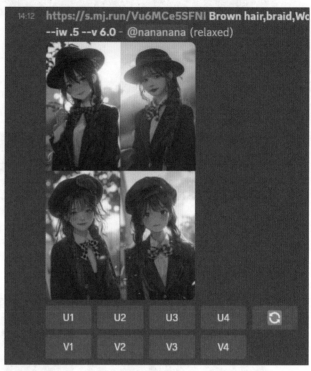

图5-8　准备的照片　　　　　　　　图5-9　垫图生成的图像

小提示：卡通人物特征小技巧

描述卡通人物特征小技巧：要仔细观察原图，找出原图角色的特征，基于图像中人物的主要特征来描写。基本的句式结构是"脸型＋表情动作＋头发＋穿着＋配饰"，精确的描述会使用户最终生成的图像更可控，与原图更加相似。

5.1.2　BLend 混图

　　Blend命令允许用户快速上传2～5张图像，然后可以将它们合并成一个新图像，合成的图像会各取每张图像的特点和美学。下面让我们学习如何使用Blend功能混图。

　　步骤01 首先在聊天框单击加号按钮，然后再单击使用APP，如图5-10所示。

　　步骤02 在Midjourney APP中找到/blend并单击，如图5-11所示。

图 5-10 单击使用 APP 图 5-11 单击 /blend

步骤03 输入 /blend 命令后，系统会提示上传两张图像。我们从硬盘拖放图像或添加照片库中的图像，如图5-12所示。如果要添加更多的图像，可以单击下方的增加，上方便会出现几行选项，选择image3、image4或image5可以添加更多图像。如图5-13所示。

步骤04 混合图像的默认纵横比为1：1，但可以使用可选dimensions字段，在方形纵横比（1：1）、纵向纵横比（2：3）或横向纵横比（3：2）之间进行选择。

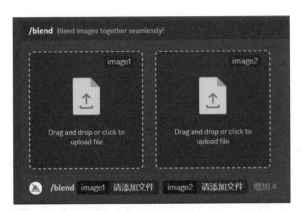

图 5-12 上传图像

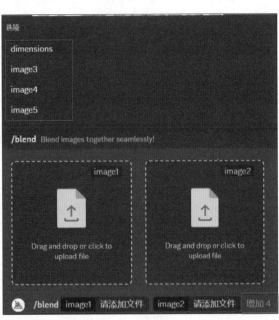

图 5-13 添加更多图像

步骤05 接下来我们从硬盘文件中选择两张风格不同的图像，它的混合风格一般是以后面一张为标准。如图5-14所示。

步骤06 片刻后我们便得到Blend混合后生成的图像，可以看到两张图像的风格和特点很好地被混合到了一起。如图5-15所示。

图5-14 选择混图图像

图5-15 混图结果

通过上述的步骤我们初步了解了Blend混图的模式，因此我们能得出可以使用Blend改变图像的背景、范围和风格等的结论。

5.2 Prompt的进阶操作

网络上的许多精美图像是受各种各样的提示词的影响所产生的，下面将介绍更多高级提示词。

5.2.1 设定集生成

如果用户想要对一个人或者物做出类似设定集的效果，可以使用"multiple concept designs"（多个概念设计）"concept design sheet"（概念设计表）这两条提示词。

现在我们输入提示词"character turnaround sheet, three-view drawing, continuous, A girl with Brown hair,braid,Women's black suit,White shirt,Checkered bow,Wearing small leather shoes,skirt, a portrait of kawaii anime girl,braid,Women's black suit,White shirt,Checkered bow,Wearing small leather shoes,skirt, full body, CGSociety, Pixar, Fashion, full details, clear facial features, concept art, 3D, C4D, octane render, subsurface scattering, white background, clear background, Cinematic light, Rim light, --ar 4：3 --niji 5"生成前页图5-8中女孩的三视图设定集。

生成后的图像如图5-16所示。最后单击U2便到了比较完美的三视图，如图5-17所示。

图 5-16 女孩的三视图设定集

图 5-17 最终的三视图

想要生成带有"前、侧、后"的三视图效果，可以添加以下三个关键描述：

character turnaround sheet（角色周转表）

three-view drawing（三视图）

continuous（连续）

如果生成的不顺利，可以补充以下三条：

front view of the girl（人物）

side view of the girl（人物）

back view of the girl（人物）

5.2.2 IP 形象设计

许多大公司都有自己的IP形象，IP形象是推广公司形象的一个媒介，比如泡泡玛特等手办形象就受到了很多年轻人的喜爱。Midjourney也可以生成类似的IP形象，接下来将进行具体介绍。

我们在网络上找到IP潮玩提示词和生成的效果并生成此类风格的形象，需要几个关键的提示词"blind box、pop mart、clay material、Holographic translucency"。如图5-18所示。

输入提示词"mechanical cute anime girl, playful posture, kawaii, full body, random neon, reflective clothing, clean background, blind box style, popmart, chibi, holographic, prismatic, pvc, fine luster, oc renderer, c4d render, 3d model, best quality, ultra details, 8k --ar 3∶4 --niji 5 --s 250"并生成图像，如图5-19所示。

图 5-18 IP 潮玩提示词参考

图 5-19 生成的图像

然后以"blind box、pop mart、clay material、Holographic translucency"为基础提示词，再加上用户想要设计的提示词，就能大致生成用户想要的IP潮玩设计。

5.2.3 表情包生成

我们在日常聊天中会使用表情包表达情绪，让对话更加生动。接下来将学习如何使用Midjourney生成表情包。

生成表情的提示词为"emo sheet"（表情符号表），在提示词中再加入风格、情绪、人物特征等描述，选择符合要求的组图，并反复使用"V"和刷新，可以生成更多表情。

如果想要可爱的动漫风表情，可以在单击聊天框加号后，单击"使用APP"，选择/settings，如图5-20所示。在settings中选用niji机器人里的"Cute Style"模型，就会生成偏卡通风的可爱表情图，如图5-21所示。

图 5-20 选择 /settings

图 5-21 选择"Cute Style"

现在我们输入提示词"A girl with many different exaggerated expressions , long hair , blue hair, emoji sheet, happy, angry, sad, cry, cute, expecting, laughing, laughing out loudSmile, disappointed, panic, white background, flat color, illustration, 2d painting,anime --niji 5"。片刻后便得到了生成的四组表情包，如图5-22所示。

选择第一组图像，点击V1刷新多套组图，我们便得到了图5-23。能够看出来生成的表情包还是很可爱并且表情丰富的。

在这些表情中筛选出自己满意的，再通过PS导出固定大小的图像，即可上传微信表情或者QQ表情平台，生成属于自己的表情包。

图 5-22　生成的表情包

图 5-23　最终生成的表情包

5.2.4　海报生成

在设计工作中，我们经常有做插画海报的需求，但是却并不能随心所欲运用网上的素材，现在AI绘画可以帮我们解决这些问题。本小节将会学习如何用提示词去制作海报插画。

例如，马上要到儿童节了，客户想要一张有儿童节氛围的插画海报，我们可以基于儿童节的气球、游乐园、玩具、孩子、春天和欢笑等元素，再点缀一些风格、视角和场景的提示词或是在网络收集的提示词，得到提示词"a fantasy world, Children fly in the sky hand in hand, Surrounded by colorful balloons and birds,Everyone laughs and plays carefree, anime, illustration, fresh color, panoramic view, Bottom view, fine luster,full details, Full body close-up, Natural light, Cinematic light, Rim light, 8K --ar 9：16 --niji 5"

将上述提示词使用Midjourney生成图像后我们便得到了图5-24的海报，单击U4后得到图5-25，之后用户就可以基于图5-25进行海报的排版了。

图 5-24　海报生成

图 5-25　儿童节海报

5.3　Remix微调

Remix模式是Midjourney中的一项进阶功能，它可以修改图像的细节，精准控制画面构图，在某些方面比seed值和垫图更能发挥作用。下面将介绍Remix的原理。

5.3.1　Remix 的启用

Remix的启用方式一般有两种：

方法一：直接在文本框内输入"/prefer remix"后发送出去，当Midjourney bot提示"Remix mode tumned on"时，就表示 Remix 模式开启成功。

方法二：发送/settings命令调取设置面板，然后点击"Remix mode"按钮使其变绿。如图5-26所示。

图5-26 单击"Remix mode"按钮

5.3.2 生成一组图片

接下来让我们生成一组图像。首先在/imagine中输入提示词"blue hair, A cute dress, sailor suit, Water ripple effect, White stockings, Metal Decoration, lovely, Light blue, fullbody, black background, beautiful, best quality,8k,ultra details --ar 4：7",然后等待生成的结果。Remix 模式开启后,我们单击V变化按钮时,会弹出一个文本框,使我们能够修改原来的提示词。如图 5-27所示。

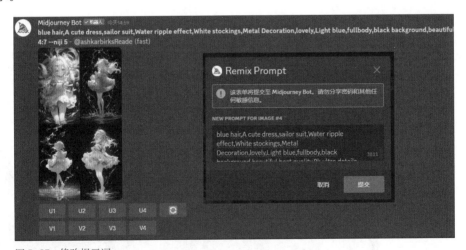

图5-27 修改提示词

Midjourney 官方在用户指南中对 Remix 功能的描述是"通过更改一张图像的提示、参数、版本或宽高比,生成与之结构相似的变化图像",由此可见"控制构图"是Remix的强项。启用Remix 模式后,即使修改了原图提示词中有关画面主体、风格、材质等方面的描述,画面的基础构图也一直保持不变。

现在我们来进行一些变化,单击图5-27中V1按钮,等待窗口弹出,将"blue hair"改成"pink hair",将"white stockings"改成"black stockings",然后点击提交。如图5-28所示。

　　生成完成的组图如5-29所示。我们可以发现生成后的图像和原图的有很多相似之处，只是加了粉色和黑色，是修改的提示词所产生的影响。

图 5-28　微调提示词

图 5-29　微调提示词的结果

5.3.3　转换图像风格

　　除了对提示词中的一些描述进行修改，Remix模式还可以转换图像的风格。例如我们单击V2按钮，在Remix Prompt中输入"blind box toy,clay,plaster statue,studio light,c4d,3d"，就能实现风格的转变，如图5-30所示。最后生成的组图如图5-31所示。

图 5-30　转变风格

图 5-31　最终的组图效果

5.3.4 实现特殊构图

除了让风格产生变化，Remix还可以实现特殊的构图。在Stable Diffusion Web UI中，我们可以借助controlnet提取一张图像的构图特征，然后引导生成相似构图的新图像。在Midjourey中，我们也可以通过Remix来完成类似的操作。比如用户想生成一幅远看像一张人脸的风景图，可以通过--stop操作来实现。

我们在/imagine输入提示词"cute anime girl --stop 30"并等待生成，如图5-32所示。在变化前我们还要先在/settings中打开Remix中的"Low Variation Mode"，如图5-33所示。

图 5-32 输入提示词

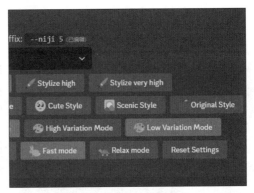

图 5-33 打开"Low Variation Mode"

单击V2按钮弹出Remix Prompt聊天框，如图5-34所示。我们输入"a river running through mountains, sunset in the distance, bright view --s 250"的提示词。片刻后便能得到图5-35所示的图像。

图 5-34 输入提示词

图 5-35 特殊构图

5.4 Seed

接下来我们来详细描述seed。使用 Midjourney时，它会使用许多默认设置，以帮助生成尽可能多的不同图像，而其中的一个变量就是seed值，它引入了结果的随机性。

Seed值本身并不是很重要，它只是一个数字，作为生成随机但一致的"noise"元素。而Midiourney生成图像的随机性是伪随机，可以理解为随机算法是一个方程式，输入不同的值，最后得出的结果就是不同的。而如果前后两次输入的起始值是一样的，那么最后得出的结果其实就是一样的。Midjourney 每次生成图像时都会有一个seed值，如果使用同样的提示词和seed值，就能生成相同或者相似的图像。

例如在/imagine中输入"A beautiful woman wearing a white dress"然后等待生成，这里我们生成两次，最终生成结果如图5-36和图5-37所示。可以看出没有指定seed值，就会随机生成seed值，并且两次生成的图像是不同的。

图5-36 组图1

图5-37 组图2

现在我们在提示词后面加上一个seed值"A beautiful woman wearing a white dress –seed 1620,"可以看到生成的结果是相同的，如图5-38所示。

上述的图像是我们指定seed值得到的结果，但如果用户生成了一组感觉不错的图像，想要知道它的seed值，可以进行以下操作。

一般Discord默认设置了允许Midjourney bot给用户发送私信。想要知道组图的seed值，首先选中图像右键单击，然后单击envelope表情，如果没有，则单击更多显示，在聊天框中输入envelope，如图5-39所示。

图 5-38　添加 seed 值生成的结果

图 5-39　添加 envelope 反应

添加envelope后，Midjourney机器人便会发送消息，如图5-40所示。可以看到Midjourney bot 将图像Job ID以及seed的值都发送过来了。如图5-41所示。

图 5-40　私信发送　　　　　　　　　　　　图 5-41　发送的图像 Job ID 与 seed 值

第6章

认识 Stable Diffusion

　　Stable Diffusion是一款AI绘画生成工具，是在潜在空间扩散（latent diffusion）的模型。Stable Diffusion不是在高维图像空间中操作，而是首先将图像压缩到潜空间（latent space，又叫隐空间）中，然后通过在潜空间中应用扩散过程来生成新的图像。Stable Difusion能够根据文本描述生成图像，简单地说，我们只要给出想要的图像的文字描述，Stable Diffusion就能生成符合要求的图像。它还可以用于图像修复、图像绘制、图像到图像等任务。

　　Stable Diffusion可以通过生成多样化且高质量的图像、修复损坏的图像、提高图像的分辨率和应用特定风格到图像上等方式，辅助视觉创意的实现。同时，能为视觉艺术家、设计师等提供更多的创作工具和素材，促进视觉艺术领域的创新和发展。

6.1　Stable Diffusion简介

Stable Diffusion是基于深度学习的生成模型，主要用于图像生成。Stable Diffusion利用了扩散过程的原理，通过逐步添加噪声，然后再从噪声中恢复原始图像，以达到图像生成的目的。Stable Diffusion的核心思想在于结合扩散模型（difusion mode）技术、反向传播算法，以及稳定分布的概念，来提高模型的稳定性和生成质量。Stable Diffusion的特点包括以下几点。

◎ 稳定分布的使用：稳定分布具有重尾特性，能够描述极端事件的概率分布，使得Stable Difusion能够在金融市场等其他领域中得到应用。

◎ 图像生成能力：Stable Diffusion能够生成高质量的图像，包括艺术作品、虚拟场景等。

◎ 数据效率：Stable Diffusion在有限的训练数据下也能表现良好，适合用于医疗图像生成、自然语言处理等领域。

◎ 个性化定制：用户可以通过输入一段描述来生成相应的图像，并且可以进行个性化定制。

◎ 与其他技术的结合：Stable Diffusion可以与其他技术，如图像增强和风格迁移等相结合，以提升图像质量和图像内容的多样性。

综上所述，Stable Diffusion不仅在图像生成方面有重要应用，还在其他领域，如金融、图像处理、信号处理等展现了其实用价值。图6-1所示的是由Stable Diffusion的基础模型生成的图像。

图 6-1　Stable Diffusion 的基础模型生成的图像

6.1.1　Stable Diffusion 与 Midjourney 的区别

对比Stable Diffusion与Midjourney两款AI绘画软件，会发现Stable Diffusion（SD）具有更高的可控性，而Midjourney（MJ）更偏向具有类似抽卡和盲盒的随机性。因此，使用SD可以更精确地控制绘画的结果，而使用MJ则为结果增添了随机性和不确定性。表6-1列举了两者的区别。

表6-1　Stable Diffusion与Midjourney的区别

功能	Stable Diffusion	Midjourney
收费	免费	8美元～60美元
上手难度	高	中
配置要求	高	低
模型数量	网络上不断有产出模型，数不胜数	数十种，受提示词影响
图像生成质量	初始质量为中，经过大模型LoRA不停调试，后期质量为高	高
图像生成速度	产出速度取决于GPU和显存，能自定义产出批次数量，最大数量为99张	1分钟4张
内容可控程度	高	中
内容限制	无限制	有限制

6.1.2　Stable Diffusion 的基本概念

Stable Diffusion并不是单纯的绘画工具或者模型，它是由各种插件的功能组合到一起运用的集合。

◎ 大模型：用素材和SD低模（如SD1.5/SD1.4/SD2.1）在深度学习之后炼制出的大模型，可以直接用来生成图像。大模型决定了最终出图的大方向，可以说是一切的底料，主要扩展名为CKPT/SAFETENSORS。

◎ VAE：类似滤镜，是对大模型的补充，可以稳定画面色彩范围，常见扩展名为CKPT/SAFETENSORS。

◎ LoRA：模型插件，是在基于特定大模型的基础上，深度学习之后炼制出的小模型。需要搭配大模型使用，可以在中小范围内影响出图的风格，或是增加大模型所没有的内容。炼制的时候如果基于SD底模，在不同大模型之间更换使用时的通用性会较好。但如果基于特定的大模型，可能会在和该大模型配合时展现出极佳效果。

◎ ControlNet：高级模型插件，赋予SD以"视觉"，能够基于现有图像得到线条或景深信息，再反推用于处理图像。

◎ Stable Diffusion Web-UI（SD-WEBUI）：是基于Stability AI算法制作的开源软件，能够展开浏览器，用图形界面操控SD。

◎ 整合包：由于WEBUI本身基于GitHub的特性，绝大多数时候的部署都需要高网络和Pvthon环境的支持，而整合包内置了Pvthon环境以及Git，不需要了解这两个软件就可以运行，降低了门槛，让更多人能够享受AI绘图的乐趣。

6.2 Stable Diffusion的安装与汉化

通过前面的描述，我们初步了解了Stable Diffusion的基础原理。接下来将介绍安装和汉化Stable Diffusion的操作步骤。

6.2.1 Stable Diffusion 的安装

本小节将介绍Stable Diffusion的安装方法，具体步骤如下。

◉ 步骤01 使用Stable Diffusion之前需要下载启动器。我们可以在网络上找到Stable Diffusion整合包并进行下载。本书读者可以使用赠送的光盘进行下载，如图6-2所示。

◉ 步骤02 指定空余的硬盘然后下载，下载完成后我们找到指定的文件夹"sd-webui-aki"，在其中找到名为"启动器运行依赖"的exe文件，如图6-3所示。

图 6-2　在网络中下载 Stable Diffusion

图 6-3　"启动器运行依赖"文件

◉ 步骤03 双击此文件便会弹出安装界面，单击"安装"按钮并等待安装完成，如图6-4所示。

◉ 步骤04 安装完成后我们将sd-webui-aki-v4.6.1.7z进行解压，得到文件夹sd-webui-aki-v4.6.1，然后单击文件夹，找到"A绘世启动器.exe"，如图6-5所示。

图 6-4　安装

图 6-5　找到"A 绘世启动器 .exe"

◉ 步骤05 双击启动器，片刻后会弹出一个界面，即Stable Diffusion的启动界面，单击"一键启动"按钮，如图6-6所示。

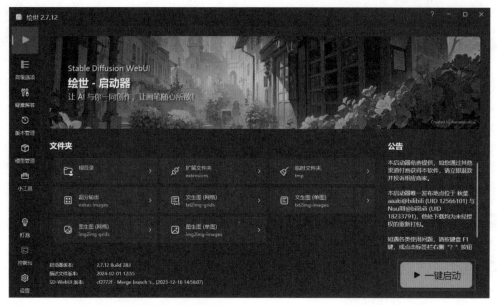

图 6-6　单击"一键启动"按钮启动 Stable Diffusion

6.2.2　Stable Diffusion 的汉化

由于Stable Diffusion是由国外研发，所以默认语言是英文。本节将介绍如何汉化Stable Diffusion。

（1）语言设置

启动器自带汉化功能，所以如果用户要设置语言，可以单击启动器界面左下角的齿轮图标，如图6-7所示。然后我们可以在界面中找到"系统语言"设置，用户可以在其下拉列表中选择需要设置的语言，这里选择简体中文，便可以完成汉化，如图6-8所示。

图 6-7　单击齿轮图标进行设置　　图 6-8　设置语言

（2）汉化插件安装

如果用户使用的或者下载的Stable Diffusion版本里没有汉化插件，则需要手动添加。下面将会详细讲述如何安装汉化插件。

步骤01 打开Stable Diffusion的界面，在右方单击"扩展"按钮，如图6-9所示。

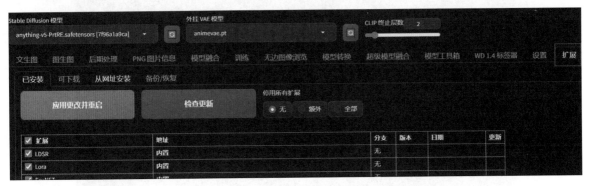

图6-9 单击"扩展"按钮

步骤02 单击"可下载"选项卡，然后单击"localization"复选框取消勾选。如图6-10所示。

图6-10 单击"可下载"选项卡

步骤03 按Ctrl+F组合键输入"Chinese"，便能搜索到汉化插件，如图6-11所示。

步骤04 单击"安装"按钮，插件就会自行下载并安装，如图6-12所示。

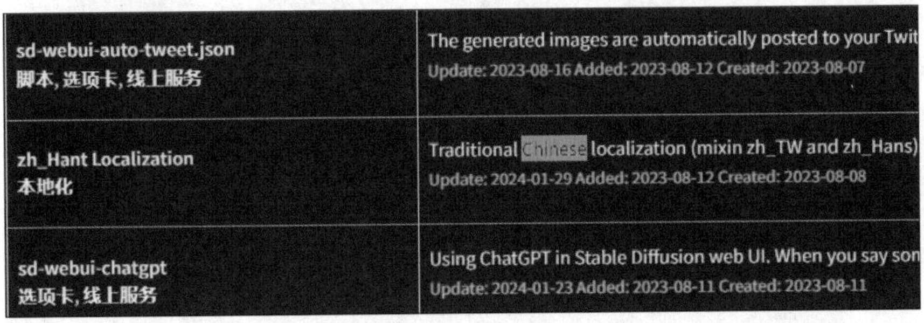

图6-11 搜索插件

图6-12 单击"安装"按钮

步骤05 安装完成后我们单击"扩展"选项卡左边的"设置"选项卡，然后找到User inter-face并单击，可以看到最上面有个"本地化"选项框，在里面可以选择我们之前下载的汉化插件，如图6-13所示。

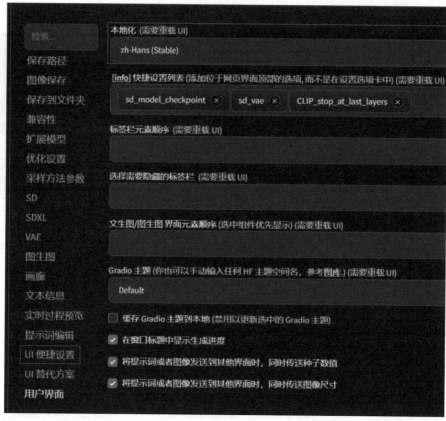

图 6-13 插件选择

步骤06 回到界面上方，先单击按钮"保存设置"，再单击"重载UI"按钮重启UI界面，然后重新进入Stable Diffusion界面，就可以看到语言被设置成中文了。如图6-14所示。

图 6-14 保存设置并重启 UI

6.3 Stable Diffusion的基本功能

Stable Diffusion的上手难度非常高。不仅UI界面复杂，还需要各种的参数和插件的配合。Stable Diffusion的操作主要有文生图与图生图两种，这两种生成方式又分出了很多不同的功能。本节将会初步介绍Stable Diffusion的常用基础操作。

6.3.1 文生图功能

Stable Diffusion WebUI的操作界面主要分为模型区域、功能区域、参数区域、出图区域，如图6-15所示。

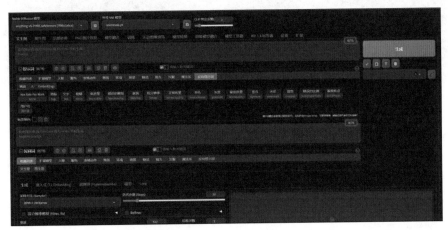

图 6-15　Stable Diffusion 的操作界面

文生图功能中，提示词部分是生成的基础，主要分为正向提示词和反向提示词。Positive Prompt（正向提示词）描述图像中希望出现的内容，Negative Prompt（反向提示词）描述图像中不希望出现的内容。如图6-16所示。

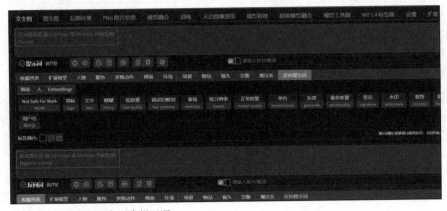

图 6-16　正向提示词与反向提示词

在提示词与反面提示词栏的下方，是Stable Diffusion的参数区域，其中的各个参数都是能对生成图像产生巨大影响的参数。参数区域的旁边就是Stable Diffusion的出图区域。如图6-17所示。

图 6-17 参数区域与出图区域

6.3.2 图生图功能

图生图区域与文生图区域有所不同，单击功能区域的图生图功能并往下滑动可以看到，除了参数区域部分，图生图区域多了一个图像处理部分，包括图生图、涂鸦、局部重绘、涂鸦重绘、上传重绘蒙版和批量处理等诸多功能。如图6-18所示。

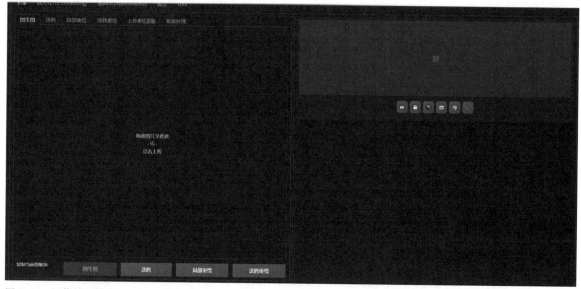

图 6-18 图像处理部分

　　在参数设置区域可以看到，图生图的参数比文生图的参数多出了几个不同的参数，例如，重绘幅度和重绘尺寸倍数等功能。如图6-19所示。

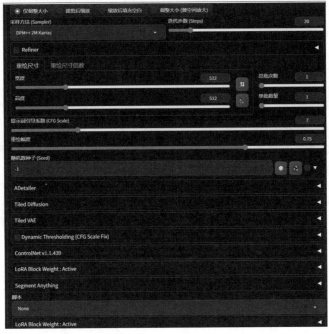

图 6-19　图生图参数

6.3.3　后期处理功能

　　Stable Diffusion的后期处理功能主要包括图像放大（up scale）、面部图像修复和分割裁剪等。后期处理界面如图6-20所示。

图 6-20　后期处理界面

后期处理界面的下方则是后期处理的一些脚本和参数，可以切换到后期处理（Extras tab）页面，上传需要处理的图像，使用参数进行图像放大。如图6-21所示。

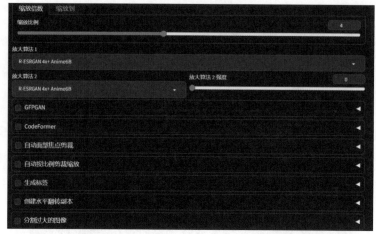

图 6-21　使用参数进行图像放大

6.3.4　模型融合

模型融合的优势是可以综合两个模型的特点，例如，三次元模型和二次元模型的融合，可能会产生非常奇特的效果。下面将介绍模型融合界面和各项功能的原理。如图6-22所示。

图 6-22　模型融合界面

模型A/B/C：最少合并2个模型，最多合并3个模型。如图6-23所示。

图 6-23　选择模型进行融合

自定义名称（可选）：融合模型的名字，建议把两个模型的名称和所占比例加入到名称之中，例如"yabalMixV3_ver30.safetensors_0.5_anything-v5-PrtRE.safetensors _0.5"。

融合比例：意思是模型A占比例"(1−M)×100%"，模型B占比例"M×100%"。

融合算法：推荐选择"加权和"单选按钮，如图6-24所示。

图6-24　选择"加权和"单选按钮

输出模型格式：ckpt是默认格式，而safetensors格式可以理解为CKPT的升级版，拥有更快的AI绘图生成速度，而且不会被反序列化攻击。

复制配置文件：选择"A,B或C"单选按钮即可。

嵌入VAE模型：嵌入当前的VAE模型，相当于加了滤镜。但缺点是会增大模型。

删除匹配键名的表达式的权重：为可选项，可以理解为用户想删除模型内的某个元素时，将其键值进行匹配删除。

6.3.5　训练

训练是用来训练用户自己的模型，由于操作复杂且对计算机配置要求很高，初学者可以直接使用网络上的模型。如图6-25所示。

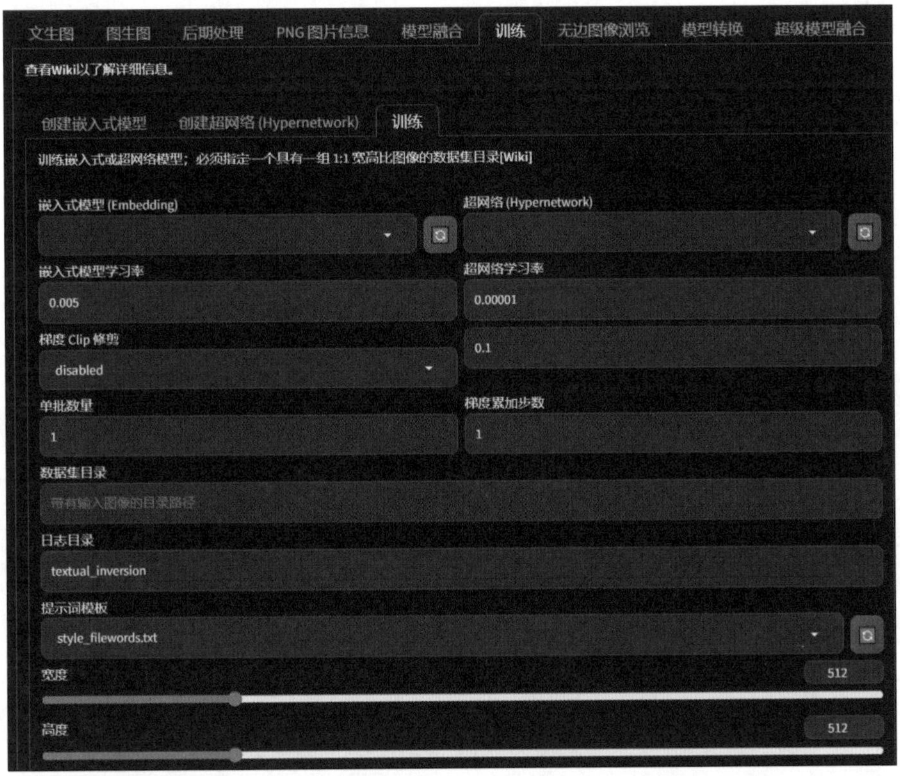

图6-25　模型训练界面

6.4 保存和导出图像

用户在Stable Diffusion中生成了一张满意图像后，接着就要进行保存与导出操作。

步骤01 首先在文生图区域的正向提示词框中输入"1girl"，并单击"生成"按钮，如图6-26所示。

图 6-26 输入提示词

步骤02 片刻后便得到了生成的图像"1girl"，其下方则是图像生成参数，包括采样方法、迭代步数和生成时间等。而图像下方的一系列小图标则可以进行各种保存与设置的操作。

这些小图标从左到右，黄色的文件夹图标为"打开图像输出目录"、硬盘图标为"保存图像到指定目录"、文件箱图标为"保存含图像的.zip文件到指定目录"、画像图标为"发送图像和生成参数到图生图选项卡"、调试盘图标为"发送图像和生成参数到图生图局部生成选项卡"、三角尺图标为"发送图像和生成参数到后期处理选项卡"。如图6-27所示。

图 6-27 图像下的图标与具体参数

步骤03 单击黄色的文件夹图像，会弹出文件夹窗口。Stable Diffusion生成图像的默认保存路径为sd-webui-aki\sd-webui-aki-v4.6.1\outputs文件，如图6-28所示。

名称	修改日期	类型	大小
extras-images	2022/12/20 20:47	文件夹	
img2img-grids	2023/1/27 22:03	文件夹	
img2img-images	2024/3/8 13:03	文件夹	
txt2img-grids	2024/2/27 13:28	文件夹	
txt2img-images	2024/3/12 12:27	文件夹	

此电脑 › D (D:) › sd-webui-aki › sd-webui-aki-v4.6.1 › outputs

图 6-28　图像默认保存路径

步骤04 img2img-images是图生图图像的保存文件夹，txt2img-images是文生图图像的保存文件夹。我们打开txt2img-images文件夹，文件夹中的日期文件保存的是日期当日所生成的图像。如图6-29所示。

电脑 › D (D:) › sd-webui-aki › sd-webui-aki-v4.6.1 › outputs › txt2img-images

名称	修改日期	类型
2024-02-26	2024/2/26 16:41	文件夹
2024-02-27	2024/2/27 15:42	文件夹
2024-02-28	2024/2/28 16:48	文件夹
2024-02-29	2024/2/29 13:50	文件夹
2024-03-01	2024/3/1 20:03	文件夹
2024-03-04	2024/3/4 17:49	文件夹
2024-03-07	2024/3/7 20:00	文件夹
2024-03-08	2024/3/8 16:20	文件夹
2024-03-12	2024/3/12 14:45	文件夹

图 6-29　文件夹中的日期文件

步骤05 单击硬盘图标，则会直接在下面导出png格式的图像"1girl"。如图6-30所示。

00000-2720665087.png 　　　　　　　　　　　　　　　　　　　　345.2 KB

图 6-30　导出图像

第7章

文生图与提示词的应用

文生图是Stable Diffusion的重要功能，与提示词相互作用。提示词(prompt)在提供给模型之前，需要进行一些处理，这是因为模型无法直接识别文本。第一步是使用CLIP，其作用是将提示词（prompt）转换成Tokenizer（也叫token），也就是数字，一个词语转换成的token数量是不定的。第二步是将token转换成Embedding。Embedding是一个768维的向量，简单理解就是768个数字。第三步是将Embedding通过Texttransformer转换成模型的输入。

Stable Diffusion的底层工作机制简要来说，是基于三个步骤运行的：

⚙步骤01 输入并解析提示词：文本图像编码器CLIP

⚙步骤02 基于提示词表征生成图像表征：基于U-Net的Diffusion过程（U-Net + Scheduler)

⚙步骤03 图像输入输出的处理转换：VAE（图像解码器负责latent space到pixel space的图像生成）

这里术语比较多，用户不需要全面深入理解，只要简单记住其大概作用即可。

7.1 提示词的使用

提示词是所有AI绘图软件的重要组成部分，不管是Midjourney还是Stable Diffusion，要生成图像都依赖于提示词，不过，Stable Diffusion的提示词稍有不同。本节我们将会探究Stable Diffusion提示词的的使用方法。

7.1.1 提示词的概念和基本逻辑

为了更好地控制AI，人们逐渐摸索出通过反馈来约束模型的方法，原理就是当模型在执行任务的时候，人类通过提供正面或负面的反馈来指导模型的行为。这种用于指导模型的信息，统称为Prompt（提示词）。

提示词通过自然语言描述画面的内容，指导AI绘画模型完成符合需求的图像创作。提示词分为正面提示词（Positive Prompts）和反面提示词（Negative Prompts），如图7-1所示。

| 1girl，black hair，white dress 正面提示词 | worstquality,bad anatomy,bad proportions,out of focus,
反面提示词 |

图 7-1　正面提示词和反面提示词

正面提示词代表我们希望画面中出现的内容，反面提示词代表我们不希望画面中出现的内容。提示词的识别格式是英文书写，不支持非英文的内容。图7-1提示词最后生成的图像效果，如图7-2所示。

图 7-2　上图提示词生成的图像

小提示：书写提示词的注意事项

在书写提示词时，建议通过词组进行组装，而非主从式的语句。通俗地讲，AI模型是通过多个标签矩阵进行绘画创作的，所以主从式的语句段落在AI绘画时得到的结果往往比词组的效果差很多。

7.1.2 提示词的语法

在使用Stable Diffusion WebUI进行文本生成时，首先需要熟悉一些提示词的基本语法和输入形式。

（1）基本语法

①提示词（Prompt）：是构成提示词的基础，直接描述想要生成的图像内容、风格、情感等。例如输入提示词"pastoral Landscape"，得到的结果如图7-3所示。Stable Diffusion与Midjourney的不同之处是它有正向提示词与反向提示词之分。

◎ 正向提示词：masterpiece,best quality等词，用于提升画面质量。

◎ 反向提示词：nsfw,bad hands,missing fingers等词，用于表示不想在画面中出现的内容。

图 7-3 根据提示词"pastoral Landscape"生成的图像

②增强/减弱（Weights）：用于指定提示词或其部分在生成图像时的相对重要性，默认值为1，大于1加强，低于1减弱。例如，(pastoral：2 Landscape：0.9)中，"pastoral"对生成图像的影响更大。

③小括号（Parentheses）：用于强调提示词中的特定部分，增加其重要性。例如提示词"(peaceful) forest"中，小括号则强调"peaceful"。

④中括号（Square Brackets）：用于添加附加信息或次要特征，对图像的影响较小。例如，在提示词后加上中括号"mountain [snow-covered]"，则中括号描述次要特征"snow-covered"。

⑤大括号（Curly Braces）：提供多个选项，采样的过程中让模型在这些选项中依次选择。例如，在提示词"car{red blue green}"中，大括号表示提供多种颜色选项。

⑥LoRA：指"LoRA"（Low-Rank Adaptation），是一种模型微调技术，用于调整模型的特定部分。在提示词中使用意味着对生成过程的特定方面进行微调。

⑦embedding（嵌入）：用于将单词或短语转换为模型能理解的数值形式，并直接操纵这些数值。在提示词中使用embedding会影响图像生成，语法为[embedding：Prompt01：n]。例如，[embedding：Surreal Landscape：1.5]意味着模型将使用特定的嵌入向量来更强烈地反映"Surreal Landscape"（超现实风景）的特征，权重为1.5。

⑧hypernetwork：是一种神经网络架构，用于生成或调整其他网络的权重。在提示词中使用hypernetwork涉及调整图像生成过程，语法为：[hypernetwork：Prompt01：n]。例如，[hypernetwork：Futuristic city：0.5] 这个语法可以让模型通过hypernetwork技术以0.5的权重生成"Futuristic City"（未来城市）的图像。

⑨dreambooth：是一种个性化训练技术，用于在保持模型整体知识的同时，对特定任务或样本进行微调，用于生成具有特定风格或特征的图像。例如，训练模型以生成特定艺术家的风格，其语法为：[dreambooth：Specific Character style：n]。

小提示：表情提示法

除了输入英文提示词外，Stable Diffusion也支持如😄（高兴）和手势✌（胜利）等Emoji表情的输入。

（2）提示词输入形式

①语言：Stable Difusion WebUI 的提示词仅支持英文输入。如果需要使用其他语言，可以考虑使用提示词插件或转换成英文描述。

②形式：可以使用句子来描述，但为了更精细地控制不同词汇的权重，建议使用提示词标签（tag）。

③逗号分隔：多个提示词之间需要使用英文逗号进行分隔。请确认使用的逗号是英文逗号，以确保正常解析。

④换行：为了提高可读性，可以在多个提示词之间添加换行符和空格，这不会影响生成效果。但请记住，仍然需要使用英文逗号进行分隔。

在文本生成过程中，合理设置提示词的权重是非常重要的，这涉及到对生成文本的内容、语气、重点等方面的控制。

7.1.3 标准化提示词

提示词的输入并不是越多越好，过多的提示词会导致模型在理解时出现语意冲突的情况，难以判断具体以哪个词语为准，这时候标准化提示词就显得很重要了。本节将会探究如何使提示词标准化。

（1）提示词的基本格式

提示词可以从角色形象、场景特点、画面视角和画风质量进行描述，而这四类中的每一类又可以分为若干子类。但用户按照这样要求的输入提示词并进行AI绘画后，会发现结果不是结构有问题就是图像错误。文生图模型的精髓在于Prompt（提示词），如何写好Prompt将直接影响图像的生成质量。

（2）提示词结构化

Prompt（提示词）可以分为4段式结构：画质画风+画面主体+画面细节+风格参考。

①画面画风：主要是大模型或LoRA模型的Tag、正向画质词、画作类型等。

②画面主体：画面核心内容、主体特征或动作等。

③画面细节：场景细节、人物细节、环境灯光、画面构图等。

④风格参考：艺术风格、渲染器、Embedding Tag等。

例如，输入提示词"1girl,gloves,hat,solo,black gloves, grey eyes, long hair, looking at viewer, black headwear, long sleeves, grey hair, hair between eyes, upper body, dress, mouth, bangs, black dress, flower, capelet, Rich background, In the church, wallpaper, (alphonse mucha)"，即"1女孩，手套，帽子，独奏，黑色手套，灰色眼睛，长发，看着观众，黑色头饰，长袖，灰色头发，眼睛之间的头发，上身，连衣裙，闭着嘴，刘海，黑色连衣裙，花，斗篷，丰富的背景，在教堂里，壁纸，（穆夏风格）"，输入反面提示词"worst quality, bad anatomy, bad proportions, out of focus,"（质量差，解剖结构差，比例差，焦点不集中），最后生成的图像如图7-4所示。

图7-4 最后生成的图像

在Stable Diffusion中，提示词并不是无限输入的，在提示框右侧，如图7-5所示，可以看到75个参数的字符数量限制。

不过模型制作者提前在Webul中预设好了规则，如果超出75个参数，多余的内容会被截成两段内容来理解。要注意的是，75个参数并非75个英文单词，因为模型是按照标记参数来计算数量的，一个单词可能对应多个参数。

图7-5 字符限制

（3）提示词的选择

选择合适的提示词对于在Stable Diffusion或类似的AI图像生成模型中获得理想的图像结果至关重要。以下是一些关键步骤和建议，可以帮助用户更有效地选择提示词。

①明确图像目标

在开始之前，明确用户想要生成的图像主题、风格和内容，这将帮助用户聚焦于相关的提示词。例如，用户想要创建一个在宁静场景的女孩图像，可以输入提示词"1girl, the calm lake, in the morning"（女孩，平静的湖面，早晨）。

②考虑图像的主要元素

将图像中出现的关键元素，如人物、场景、物品或动物等作为提示词的一部分。在提示词"1girl,the calm lake,in the morning"（女孩，平静的湖面，早晨）中，主要元素是"1girl"（女孩）和"lake"（湖泊），最后生成的图像如图7-6所示。

③添加风格和情感描述

根据想要的图像风格，如现实主义、印象派、超现实主义等，和情感，如快乐、悲伤、神秘等添加相应的描述。为了增加情感深度，可以添加"宁静和平和"的描述，使提示词为"1girl,The peaceful and tranquil lake surface,morning"（女孩，宁静和平和的湖面，早晨）。

④使用具体和详细的描述

使用具体和详细的描述来指导图像的具体细节，例如，在提示词中添加细节"The reflection of sunrise on the lake surface"（日出反射在湖面的反光），使提示词变为"1girl,The peaceful and tranquil lake surface,morning,The reflection of sunrise on the lake surface"（女孩，宁静和平和的湖面，早晨，日出反射在湖面的反光），生成的图像效果如图7-7所示。

⑤平衡细节和简洁性

在提供足够的信息和保持提示词简洁之间找到平衡。过长的提示词可能导致模型出现问题，所以要避免提示词过度详细，如不必添加"湖中的每一条鱼"等信息，保持提示词为"1girl,The peaceful and tranquil lake surface,morning,The reflection of sunrise on the lake surface"（女孩，宁静和平和的湖面，早晨，日出反射在湖面的反光）即可。

⑥避免矛盾和模糊

确保提示词之间没有内在矛盾，并尽量避免使用模糊不清的描述。例如，不要添加矛盾元素，如"Busy city background"（繁忙的城市背景），保持自然景观的一致性。

图 7-6 将图中关键元素作为提示词一部分生成的图像　　　　图 7-7 在提示词中加入细节生成的图像

⑦考虑文化和语境

要考虑文化背景和语境对词汇的影响。不同的文化背景对相同的词汇有不同的解读。例如，如果目标受众熟悉东方艺术，可以添加"The background of Chinese landscape painting"（中国山水画般的背景）提示词，生成的图像如图7-8所示。

⑧参考示例和使用工具

参考其他艺术家或用户的提示词，使用在线提示词工具或插件来获得灵感和建议。例如，在civitai上查看提示词类似"宁静湖泊，早晨"图像的在线库，获取灵感。

⑨实验和迭代

不同的提示词组合可能会产生不同的效果，实验和调整可以找到最佳的组合。尝试不同的风格描述，如"印象派的日出湖泊"，比较哪种更符合用户的喜好。

⑩使用权重和强调

我们可以通过添加权重值或使用括号来强调某些元素。例如，要想强调人物的美，可以使用提示词"(1girl：2),The peaceful and tranquil lake surface,morning"，即"(1女孩：2)，平静的湖面，早晨"。生成的图像效果如图7-9所示。

图 7-8 添加有关文化提示词的图像效果　　　　图 7-9 使用括号强调元素后的图像效果

接下来实际体验一下提示词的运用。

📮 **步骤01** 在小红书、花瓣等网站上搜寻博主的提示词分享。与Midjourney的提示词分享不同，博主在Stable Diffusion文章中不仅会分享正面和反面提示词，还会分享模型与LoRA，如图7-10所示。

📮 **步骤02** 根据文章分享提示词的标准语法顺序，输入正面提示词"absurdres, highres, ultra detailed,(girl：1.5),from side, flower, dress, solo, hat, white dress, long hair,

图7-10 提示词参考

bouquet, white flower, holding, outdoors, field, white headwear, flower field, papier coll, paper collage, layered compositions, varied textures, abstract designs, artistic juxtapositions, mixed-media approach,"即"荒诞派，高层，超细节，（女孩：1.5），从侧面，花，连衣裙，独奏，帽子，白色连衣裙，长发，花束，白色花朵，手持，户外，田野，白色头饰，花田野，纸筒，纸拼贴，分层构图，多种纹理，抽象设计，艺术并置，混合媒体方法"。

再输入反面提示词"EasyNegative,(worst quality, low quality, medium quality：1.4),long body,[：(badhandv4：1.5)：15],nsfw,(fish：1.5),"即"EasyNegative,（最差质量，低质量，中等质量：1.4），长身体，[：（badhandv4：1.5）：15]，不适合工作出现，（鱼：1.5），"。如图7-11所示。

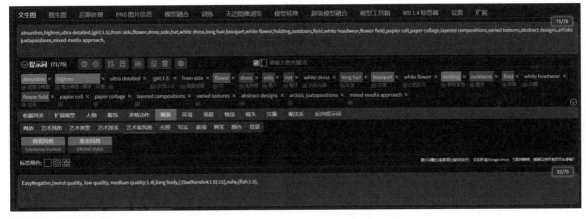

图7-11 输入提示词

步骤03 调整画布的尺寸设置，然后单击生成按钮，由于笔者没有使用和博主一样的模型和LoRA，所以生成的画风和效果是不一样的。这只是基于提示词的实验，最后生成的图像如图7-12所示。

图7-12　最后生成的图像效果

7.2　生成图像的参数

与Midjourney不同的是，Stable Diffusion生成图像的参数是十分复杂且多样的，所以Stable Diffusion生成的图像会更精准可控，这与这些参数的作用是密不可分的。Stable Diffusion的主要参数集中在文生图与图生图功能中，下面将详细介绍。

Sampling method（采样方法）：参数区域中的采样方法，推荐选择Euler a或 DPM++系列，采样速度快。

Sampling steps（迭代步数）：数值越大图像质量越好，生成时间也越长，一般将数值控制在30～50就能出效果。如图7-13所示。

图7-13　"采样方法"与"迭代步数"

Width/Height（宽度/长度）：参数区域中生成图像的宽高，越大越消耗显存，生成时间也越长，一般方图的尺寸为512×512，竖图的尺寸为512×768。

Batch count/Batch size（总批次数/单批数量）：参数区域中的总批次数和单批数量，如果需要多图，可以调整单批数量。如图7-14所示。

图 7-14 "宽度 / 长度"与"总批次数 / 单批数量"

CFG（提示词引导系数）：参数区域中的提示词相关性，数值越大越相关，数值越小越不相关，建议取值在7～12之间。如图7-15所示。

图 7-15 "提示词引导系数"

Seed（随机数种子）：参数区域中的种子数，-1表示随机，相同的种子数可以保持图像的一致性。如图7-16所示。

图 7-16 "随机数种子"

💬 **小提示：Seed种子参数**

没有什么种子天生就比其他的好，但如果用户只是稍微改变输入参数，以前产生好结果的种子很可能仍然会产生好结果。

7.2.1 采样方法与采样频数

采样方法与采样频数是Stable Diffusion生成的基础原理，前章有简单提到过，本小节中将进行详细了解。

（1）采样方法（Sampler method）

采样方法（Sampler method）是每次出图都必须选择的一个功能，在采样方法（Sampler method）中有很多种采样器可以选择，不同的采样方法会产生不同的出图效果。如图7-17所示。

（2）采样频数（Sampling steps）

Stable Diffusion生成图像的过程是一个循环迭代的过程，迭代越多次效果越好（过多会更容易耗费GPU，过少图像则都是噪点影响清晰度），一个迭代为一个正向通过＋一个反向通过。更多的迭代步数可能会有更好的生成效果、更多细节和锐化，但是也会导致生成时间变长。如图7-18所示。

而在实际应用中，30步和50步之间的差异几乎无法区分，太多的迭代步数也可能适得其反，效果几乎不会有提高。在图生图的时候，正常情况下更弱的降噪强度需要更少的迭代步数（这是工作原理决定的）。我们可以在设置里更改，让程序确切执行滑块指定的迭代步数。

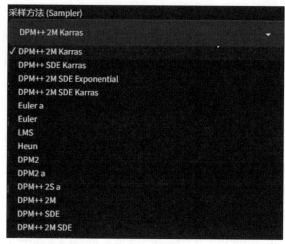

图 7-17 采样方法

图 7-18 设置迭代步数

例如，我们在提示词栏中输入提示词"1girl,black hair,gold eyes，"如图7-19所示。

图 7-19 输入提示词

然后我们在参数区域中找到"随机种子数"并将数值设置为1620。如图7-20所示。

图 7-20 随机种子数设置

将采样的方法设置为DPM++2M Karras。如图7-21所示。

图 7-21 采样方法设置

最后我们在参数区域中将采样频数（Sampling steps）分别设置为1、5、10、20、40。图7-22中，从左到右依次是迭代1、5、10、20、40步生成的图像效果，可以看出迭代20步以后的图像就基本上没有太大的差别了。

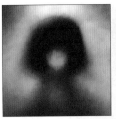

图 7-22　设置迭代步数后生成的图像

现在我们将采样方法更改为Euler a，生成同样步数的五张图像，如图7-23所示。

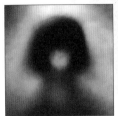

图 7-23　采样方法为 Euler a 生成的图像

从上面两个采样器的出图效果来看，由于我们控制了随机种子，最终出图效果基本相似，只是生成过程很不一样，而且差距较大的模型最后生成的图像也会有差别。

7.2.2　分辨率的限制

Stable Diffusion的生成是非常依赖GPU的，它的默认分辨率为512×512像素，最大图像生成分辨率为2048×2048像素。想要生成分辨率较大的图像就得借助其他的方法。如图7-24所示。

图 7-24　最大分辨率

图7-25是以1040×624像素生成的图像效果。

生成该图像的正面提示词是"masterpiece,best quality,1girl,sitting on grass,flowers,holding flowers,warm lighting,black dress,blurry foreground,(forest：1.5),pink hair,long hair"，即"杰作，最好的质量，1女孩，坐在草地上，花，拿着花，温暖的灯光，黑色连衣裙，前景模糊，（森林：1.5），粉红色的头发，长发"。

反面提示词是"badhandv4,EasyNegative,verybadimagenegative_v1.3,(worst quality：2),(low quality：2),(normal quality：2)"。

111

图 7-25　林中少女

生成的图像细看会有失真的地方，这是由于生成图像的像素低所造成的。而要使生成的图像更加的清晰呢，可以运用以下方法。

（1）高分辨率修复

文生图中的高分辨率修复（Hires.fix）功能可以将初始生成的图像成倍数地放大，放大倍率越大图像就会越清晰。当然，该功能对用户计算机配置有比较高的要求，如图7-26所示。

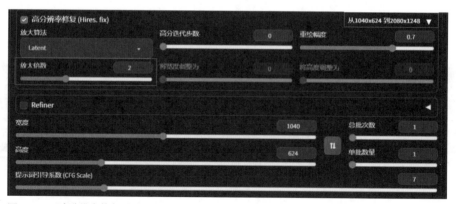

图 7-26　"高分辨率修复（Hires.fix）"

现在用刚才的提示词再生成一张1040×624像素的图像，图像生成完成后，我们查看图像的参数区域，如图7-27所示。

为了让图像得到高清修复，我们在参数中记住它的Seed（种子）值，为3187927531，将种子值输进随机数种子的输入框就能将图像固定。如图7-28所示。

图7-27　图像参数

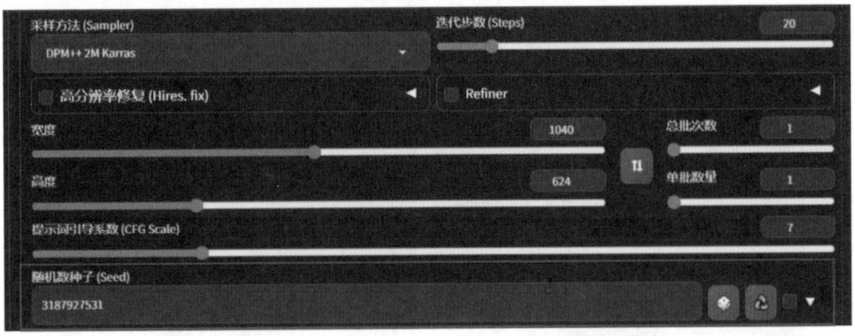

图7-28　固定图像

接下来选中高清修复，将图像放大两倍，选择 R-ESRGAN 4x+ Anime6B算法。然后将它的重绘幅度值调整为0.2，最后只需要等待其修复就可以了。如图7-29所示。

小提示：算法

R-ESRGAN 4x＋Anime6B这个算法是专门给二次元绘图用的，使写实风格可以选择R-ESRGAN 4x＋。其他的各种算法也有它们各自适合的领域，这里就不一一说明了。

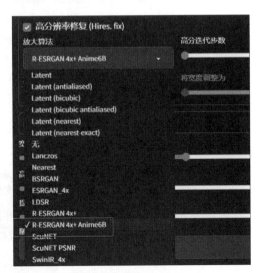

图7-29　选择高清修复算法

高清修复的原理很简单，就是命令AI按照原来的图像内容重新画一遍，所以新生成的绘图和原来的图像在细节上可能有差别。想要更接近原来的风格，可以适当降低重绘幅度。高清修复后的图像如图7-30所示。

图 7-30 高清修复图

图像修复前后的细节对比如图7-31所示。从脸部可以很明显地看出两张图像在清晰度上的差别。

图 7-31 图像的前后对比

由于高清修复渲染时间比较长，建议先用低分辨率生成，等生成用户喜欢的图，再用随机种子固定图像并进行高清修复。这样操作起来更加方便且节省时间。

（2）图生图SD放大

基于图生图的脚本功能来实现高清修复的方法，能够提升图像的画质。单击图像下方参数中的画像图标，如图7-32所示。

图 7-32 单击图像图标

然后会自动将图像转移到图生图功能当中，在参数区域下方可以找到脚本功能。如图7-33所示。

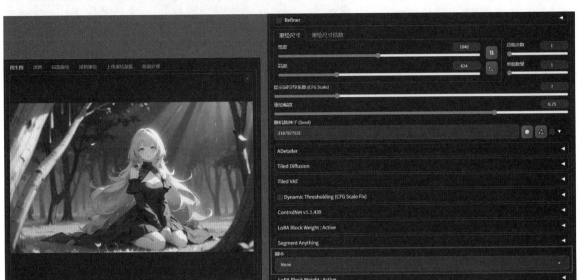

图 7-33 图生图的脚本功能

单击脚本功能，选择使用SD放大"SD upscale"，如图7-34所示。

图 7-34 "SD upscale"

将重绘幅度值设置到0.3或者更小，如图7-35所示。

图 7-35 设置重绘幅度值

我们使用分块重叠像素宽度的默认数值64和放大倍数的默认数值2，在放大算法区域选择"R-ESRGAN 4x+ Anime6B"单选按钮。图像原尺寸是1040× 624像素，加上重叠的64像素，就变成1104×896像素了。如图7-36所示。

图 7-36　参数设置

生成开始后可以看到，Stable Diffusion把图像均匀地切成几块，然后分别渲染，最后拼接成完整的图像。但用这种方式得保证重绘幅度比较低。如图7-37所示。

图 7-37　图像生成

经过SD放大后，图像分辨率就达到了2080×1248像素。由于该图像是由几张图像拼接而成的，所以有时候会有明显的拼接痕迹，而设置重叠像素就是为了避免这种情况出现。如果设置之后还是有明显的拼接痕迹，可以试着增加该值。

然后我们便得到了高清修复后的图像，如图7-38所示。左边是原来的图像，右边是高清修复后的图像以及它的参数。

图 7-38　高清修复前后的图像对比

图7-39是修复好的图像，我们可以发现与原图相比，该图像不仅在观感上更加清晰，而且还添加了更多的脸部细节。

图 7-39 修复后的图像

相比于高清修复，SD放大的脚本能得到更高的分辨率，细节也更丰富。不过需要注意更精细地控制，不然拆分的图像可能会生成新的东西。除了这两个功能外，Stable Diffusion还有很多的外接插件和软件，例如Ultimate SD Upscale插件和Upscayl等AI图像修复软件。

7.2.3　产出设置

使用Stable Diffusion进行图像生成时，合理设置生成批次、数量和尺寸是非常重要的。接下来将详细介绍这些参数的设置方法，帮助用户更好地应用Stable Diffusion。如图7-40所示。

图 7-40 参数设置

（1）生成批次

生成批次是指每次运行Stable Diffusion生成图像的组数。通过调整生成批次，可以控制生成图像的数量。具体的生成图像数量为"批次×批次数量"。例如，我们将总批数量设置为4，输入提示词并且进行生成，如图7-41所示。

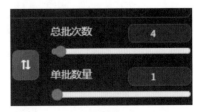

图 7-41 设置总批数量

117

片刻后便得到了生成的图像，并且Stable Diffusion会像Midjourney一样，将生成的图像连接成四张一起的缩略图，如图7-42所示。

图 7-42　批量生成图像的缩略图

（2）单批次数

单批次数是指同时生成图像的数量。增加这个值可以提高算法的性能，但也需要更多的显存。需要注意的是，较大的Batch Size会消耗巨量的显存，如果用户的显存没有超过12G,请将总批次数保持为1。

第8章

图生图

    Stable Diffusion的图生图功能依赖图像与提示词进行二次创作，其作用是为了弥补文生图的不足。因为文生图的的随机性太大，可能导致生成图像的有些地方不能达到用户的要求。

    而Stable Diffusion的图生图功能可以将用户生成的图像在不改变原图整体风格的情况下，变更图像中某些小物件的样式，例如，人物的头发、服装、饰品和背景。这是文生图功能很难做到的。

    图生图并不是直接由图像生成图像，图像只是做主体作用。图生图是由文字与图像共同配合完成的，通过文字对原本的图像进行二次创作，从而减少图像生成的随机性，更好地满足用户的需求。

8.1 图生图的原理和流程

Stable Difusion的图生图功能是一种先进的图像生成技术，它的工作原理可以概括为以下几点：

①扩散模型的灵感：Stable Difusion的设计受到了气体扩散过程的启发，旨在模仿这种过程在不同科学领域的应用，如多模态分布的学习。

②图像生成过程：扩散模型通过迭代地加入高斯噪声来破坏图像，然后在反向传播的过程中逐步去除噪声，来恢复图像。这个过程可以被理解为从一个训练数据的随机噪声开始，经过多次迭代，最终得到与原始图像相似的新图像。

③模型架构： Stable Diffusion由图像信息创建器和图像解码器两部分构成，同时还包括Transformer语言模型（CLIP），用于将输入的文本转换为数字表示形式。

④图像压缩：为了提高处理速度，模型中还包含了自动编码器，用于压缩图像。

⑤文本输入：除了图像，Stable Difusion还可以接受文本输入，通过文本理解组件将其转换为数字表示，再传递给图像生成器。

⑥稳定性保证：Stable Difusin能够在保持图像多样性的同时生成高质量的结果，这在传统的GAN或扩散模型中较为罕见。

综上所述，Stable Difusion的图生图功能结合了扩散模型和生成对抗网络的优点，通过噪声的逐渐加入和去除，以及文本和图像的双重输入，成功地在图像生成领域展现出了巨大潜力。图生图功能的操作界面如图8-1所示。

图8-1 图生图功能的操作界面

Stable Diffusion的图生图与文生图的操作方式有很大的不同，使用图生图功能时，是在输入文本的基础上，再输入一张图像，然后SD模型将根据文本的提示，将输入的图像进行重绘，以更加符合文本的描述。具体步骤如下。

⊛ **步骤01** 在输入文本信息进行编码的同时，将原图像通过图像编码器（VAE Encoder）生成Latent Feature（隐空间特征）作为输入。

⊛ **步骤02** 将上述信息输入到SD模型的图像优化模块中。然后将图像优化模块进行优化选代后的Latent Feature输入到图像解码器（VAE Decoder）中，将Latent Feature重建成像素级图像。如图8-2所示。

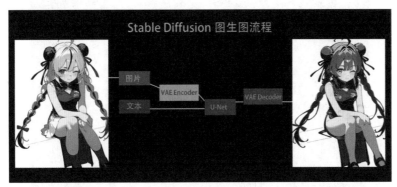

图 8-2　图生图流程

总之，不管是文生图还是图生图，核心模型都是图像优化模块，图像优化模块的输入都是文字+图像，输出的都是一张经过优化后的图像。只不过文生图任务中，图像优化模块的输入是一张随机生成的噪声图，模型对文字的编码采用CLIP Text Encoder模型，对于图像的编码采用VAE Encoder。

图像优化模块是由一个U-Net网络和一个Schedule算法共同组成。

U-Net网络负责预测噪声，不断优化生成过程，并在预测噪声的同时不断注入文本语义信息。

Schedule算法对每次U-Net预测的噪声进行优化处理（动态调整预测的噪声，控制U-Net预测噪声的强度），从而统筹生成过程的进度。

在SD中，U-Net的选代优化步数大概是50次或者100次，在这个过程中，Latent Feature的质量会不断变好（纯噪声减少，图像语义信息增加，文本语义信息增加）。

8.1.1　图生图的相关概念

图生图就是将提示词和参考图中的图像信息进行综合考虑并进行绘图的过程，它可以结合文生图进行生成，与Midjourney图生图的最大不同是它的可控性极高。接下来介绍相关的概念。

（1）图生图的提示词

图生图提示词的用法和文生图提示词的用法几乎是一样的，不同的是图生图的提示词会作用于结果图，而不是用于对原图的描述，这一点是初学者很容易混淆的。大多数教程中的正面提示词都和原图有关，因此会让人误解为是对于原图的解释，但实际上，图生图中的无论是正面还是反面提示词，都是对于结果图的引导和规范。

（2）图像上传

在提示词区域下方的是图像上传的区域，可以选择单击上传按钮或是将图像拖动到上传区域，但需要注意的是，图像名称中不要携带中文字符或者空格。图8-3所示的即为一张生成好的图像。

图8-3 生成的图像

（3）图生图的结果区域

图生图的结果区域是输出结果图的地方，也可以根据结果图进行再次修改。单击结果图下方的图生图就可以让原图变成结果图。如图8-4所示。

图8-4 图生图的结果

（4）重绘尺寸

重绘尺寸用于设置重绘后的图像尺寸，分为直接设置图像宽高和设置图像缩放倍数两种调节方式。默认情况下重绘尺寸会自动带入当前参考图的宽高数值，而当我们拖动尺寸滑块时，可以直观地在参考图上预览重绘后的图像范围。如图8-5所示。

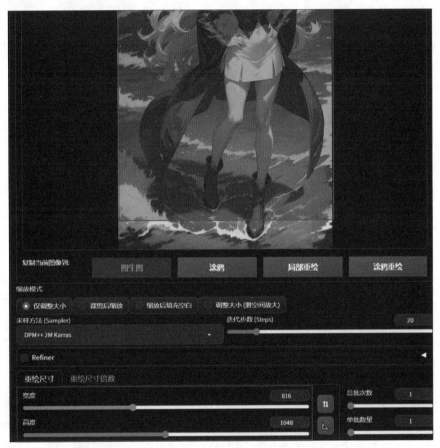

图 8-5　预览重绘后的图像范围

（5）重绘幅度

图生图的重绘幅度与文生图高清修复的重绘幅度相似，是结果图和原图的相似度。重绘幅度越高，结果图和原图越不相似；重绘幅度越低，结果图和原图则越相似。当重绘幅度为0时，则输出原图，当重绘幅度为1时，原图和结果图则是两幅完全不同的图像。实际上，重绘幅度值在0.6之后，结果图和原图的相似度就开始有较大的差距了，所以建议重绘幅度值设置为0.2到0.7即可。如图8-6所示。

图 8-6　重绘幅度设置

这里我们用前页图8-3中的图像来进行图生图生成。将重绘幅度调整为0.3到0.8之间的数值，然后更改几个提示词，例如，将"red eyes"改为"blue eyes"。图8-7中从左到右依次为原图、0.3重绘幅度生成的图像和0.8重绘幅度生成的图像。如图8-7所示。

图 8-7 重绘幅度对图像的影响

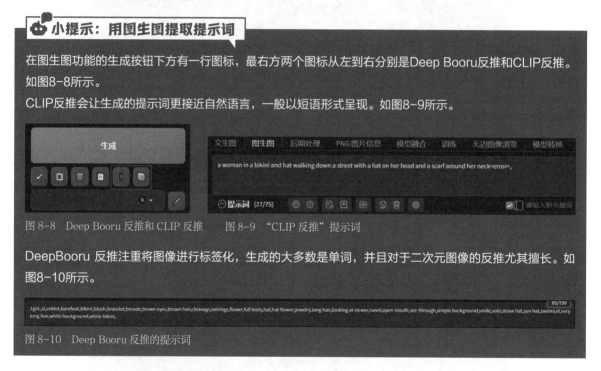

小提示：用图生图提取提示词

在图生图功能的生成按钮下方有一行图标，最右方两个图标从左到右分别是Deep Booru反推和CLIP反推。如图8-8所示。

CLIP反推会让生成的提示词更接近自然语言，一般以短语形式呈现。如图8-9所示。

图 8-8 Deep Booru 反推和 CLIP 反推　　图 8-9 "CLIP 反推"提示词

DeepBooru 反推注重将图像进行标签化，生成的大多数是单词，并且对于二次元图像的反推尤其擅长。如图8-10所示。

图 8-10 Deep Booru 反推的提示词

8.1.2　图生图的基本方法

了解了图生图的概念和逻辑后，我们开始学习Stable Diffusion的图生图基本操作方法。图生图适用于用户已经生成了一张比较理想的图像，只需要简单调整即可使用的情况。基本操作方法如下：

◎步骤01 准备一张生成好的图像。如图8-11所示。

◎步骤02 在正向提示词和反向提示词的下方找到图生图区域，将准备好的图像拖入图生图区域中，单击功能区域中的"图生图"按钮。如图8-12所示。

图8-11 准备图像

图8-12 上传生成图像

◎步骤03 使用Deep Booru反推提示词，片刻后就可以得到反推出来的提示词，再加上反面提示词。如图8-13所示。

图8-13 反推提示词

◎步骤04 将重绘尺寸设置到符合原图的比例大小，然后设置重绘幅度。如图8-14所示。

图8-14 重绘尺寸和幅度设置

125

步骤05　调整各参数并开始生成，最终生成的图像如图8-15所示。

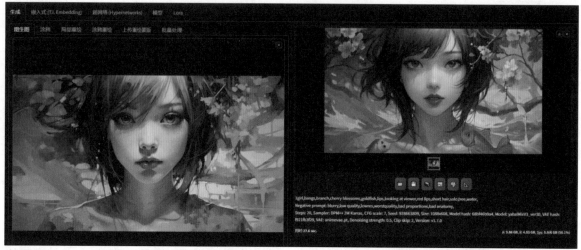

图8-15　最终生成的图像

8.1.3　提示词和参数的设置

图生图的提示词用以针对生成目标，但同时又会参考原图。所以在填入提示词时不要写错方向。

图生图的本质是增加了参考图的约束，虽然提示词的信息权重被参考图削弱了一部分，但并不意味着提示词就没用了。相反，很多时候还是需要通过提示词来告诉Stable Diffusion用户想要绘制的内容。图生图的提示词填写要根据实际的出图效果来调整。

当用户只希望更改画面中的部分元素而其他部分不变时，就需要在提示词中将不更改的部分进行保留，并对修改部分进行调整或补充描述。为了保证出图效果，还可以灵活增加对应提示词的权重。

（1）图生图参数

单击功能区域中的"图生图"按钮，在正向提示词和反向提示词的下方都可以找到图生图区域。

图生图：此功能可以生成与原图相似构图与色彩的画像。或者指定一部分内容进行变换，可以重点使用局部重绘这个功能。如图8-16所示。

图8-16　图生图与局部重绘功能

在图生图区域下方则是图生图板块的参数区域，能对图生图生成的图像产生很大的影响。例如，重绘幅度和重绘尺寸等。如图8-17所示。

重绘幅度：下方重绘幅度条的值越大，图像的变化越大，值越小越和原图接近。如图8-18所示。

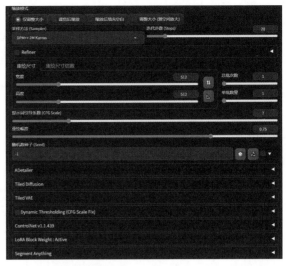

图 8-17 图生图参数区域

图 8-18 重绘幅度条

缩放模式：其中有4个单选按钮，分别为仅调整大小：如果输入与输出长宽比例不同，图像会被拉伸。裁剪后缩放：如果输入与输出长宽比例不同，会从图像中心向四周扩散，将比例外的部分进行裁剪。缩放后填充空白：如果输入与输出分辨率不同，会从图像中心向四周扩散，将比例内多余的部分进行填充。调整大小：对图像进行等比例放大。如图8-19所示。接下来我们依次使用不同的缩放模式。

图 8-19 缩放模式模式

仅调整大小模式的效果是将原图拉伸至新设定的尺寸。图8-20中的图像从左到右依次为原图，0重绘幅度图像，0.5重绘幅度图像。在下图可以看出，重绘幅度为0时，图像直接被拉伸变形，而随着重绘幅度提升，变形效果就不明显了，但与原图的差别会变大。

图 8-20 仅调整大小模式在不同重绘幅度下的效果

裁剪后缩放模式是根据新设定图像的长宽比，对原参考图的内容进行裁切和重绘。图8-21中的图像从左到右依次为原图，0重绘幅度图像，0.5重绘幅度图像。可以看出0重绘幅度图像就是单纯的裁剪，0.5重绘幅度图像则是拉高后在裁剪区域重绘。

图 8-21　裁剪后缩放模式在不同重绘幅度下的效果

缩放后填充空白是根据新设定的长宽比例，将原图缺失的部分进行绘制填充。比如当图像大小从512×512重绘为952×712时，下图的效果就是向左右填充了新的背景内容，并随着重绘幅度的加大，填充部分和原图的融合效果越好。图8-22中的图像从左到右分别为原图、0重绘幅度图像、0.5重绘幅度图像和1重绘幅度图像。

图 8-22　缩放后填充空白模式在不同重绘幅度下的效果

最后一种缩放模式为调整大小（潜空间放大），该功能主要用于对图像进行等比放大，实现"小图转大图"的效果。如果重绘尺寸比例和原图比例不一致，则默认采用拉伸的方式进行处理，但由于是反馈到潜空间中进行运算，因此图像出现了模糊变形的效果。图8-23中的图像从左到右分别为原图、0重绘幅度图像、0.5重绘幅度图像和1重绘幅度图像。

图 8-23　调整大小（潜空间放大）模式在不同重绘幅度下的效果。

小提示：调整大小算法

对于有调整大小功能的潜空间放大算法，我们可以在"设置>放大>图生图放大算法"中进行切换，选择好之后单击保存设置和重载UI就可以了。如图8-24所示。

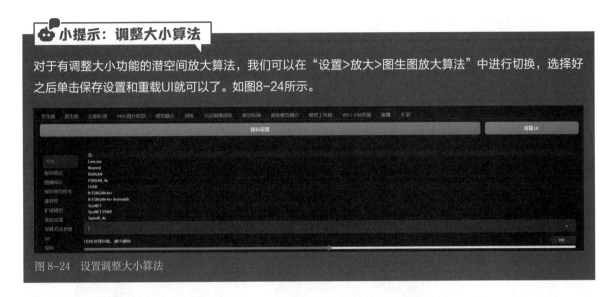

图 8-24　设置调整大小算法

在蒙版区域单击上传重绘蒙版按钮，可进行蒙版功能调试。

蒙版边缘模糊度：蒙版模糊度，值越大与原图边缘的过渡越平滑，越小则边缘越锐利。如图8-25所示。

图 8-25　蒙版边缘模糊度

蒙版模式：蒙版模式中的重绘蒙版内容只重绘涂色部分，而重绘非蒙版内容重绘除了涂色的部分。

蒙版区域内容处理：其中的填充是用其他内容填充，而原版是在原来的基础上重绘。如图8-26所示。

图 8-26　蒙版模式与蒙版区域内容处理

重绘区域：重绘区域中的整张图像是整个图像区域，仅蒙版区域则是只在蒙版区域。如图8-27所示。

仅蒙版区域下边缘预留像素：该参数只在重绘区域选择"仅蒙版区域"时生效，用于控制切割下来的重绘部分向外扩展的范围大小。观察下面的重绘过程进度图可以发现，边缘预留像素的数值越大，则绘制过程中会向四周裁剪更多的内容进行整体重绘。如图8-27所示。

图 8-27　重绘区域和仅蒙版区域下边缘预留像素

（2）涂鸦工具

涂鸦工具的参数项和图生图完全相同，唯一的区别是上传图像后涂鸦工具界面右上角多了画笔工具，支持我们对图像进行涂抹。涂鸦工具可以让用户在图像上涂抹色块后再进行全图范围的图生图，同时配合提示词可以实现更加多样的重绘效果。如图8-28所示。

涂鸦工具右上角的图标从左到右，从上到下，分别是返回上一步、全部清空、删除当前图像、调整画笔大小和颜色选择。如图8-29所示。

图8-28 涂鸦工具界面

图8-29 涂鸦工具操作选项

涂鸦工具的操作很简单，使用画笔在图像上涂抹颜色后单击生成，Stable Diffusion会将手绘后的图像进行整体重绘，同时控制重绘幅度和增加描述提示词以实现非常神奇的融图效果。图8-28中的图像是由正面提示词"A low-fi, overexposed Polaroid snapshot of a smiling girl with fox ears wearing a red hakama and a miko outfit, with black hair, taken with a flash, in a shrine in Japan, with a sunset, on a cobblestone path, with a street light, and slightly out of focus."和反面提示词"worst quality, large head, low quality, extra digits, bad eyes,EasyNegativeV2,ng_deepnegative_v1_75t,(worst quality, low quality)1.2,"所生成的。我们用不同的色块填充图像需要改动或添加的地方。如图8-30所示。

图8-30 填充色块

然后在提示词后填加 "Red Lantern, Blessing bag," 此时提示词为 "A low-fi, overexposed Polaroid snapshot of a smiling girl with fox ears wearing a red hakama and a miko outfit, with black hair, taken with a flash, in a shrine in Japan, with a sunset, on a cobblestone path, with a street light, and slightly out of focus., Red Lantern, Blessing bag," 将重绘幅度值调整为0.5，设置好尺寸后单击生成按钮，最后生成的图像如图8-31所示。

图 8-31　最终图像

图8-32为原图，现在我们将生成前后的图像进行对比。可以看出在外面涂鸦的地方是按照新加的提示词重新绘制的，如右上角的灯笼，双手拿着的包。修改后的图像效果如图8-33所示。这就是涂鸦功能的强大之处，可以在图像中任意加上或者减去各种事物。

图 8-32　原图　　　　　　　　　　图 8-33　涂鸦修改后的巫女

需要注意的是，通过涂鸦工具来重绘图像时，由于重绘幅度的影响，画面中未被涂鸦的部分也会发生变化，因此涂鸦工具是针对画面整体进行重绘的。

（3）局部重绘工具

Stable Diffusion的局部重绘功能就是在图像中设定一块区域，在图生图过程中只针对该区域进行重绘，其他部分保持不变，从而实现精准改变图像特定部分的效果。该功能通常用于对画面大部分内容基本满意，但需要调整部分细节元素的场景。

在图8-34中可以看到，局部重绘同样是使用画笔进行涂抹，但这里涂抹的白色区域表示的是蒙版，而不是实际的颜色色块。这里我们将人物的头部进行涂抹。

图8-34　局部重绘区域

图8-35中是蒙版的各项参数，前面有过详细讲解，这里我们使用默认的蒙版参数值。

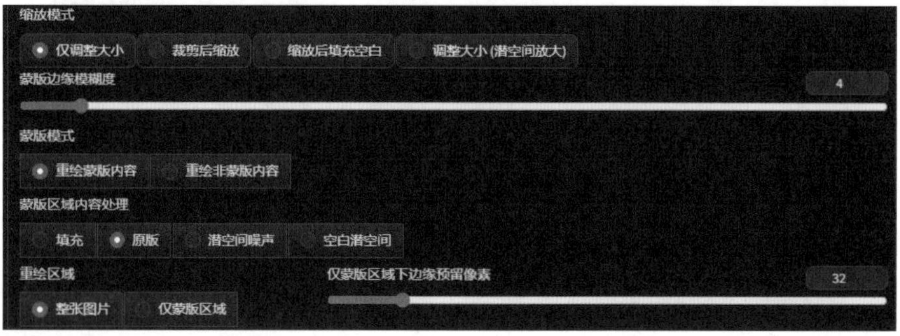

图8-35　蒙版参数区域

将要修改的新提示词填入，例如填入"silver hair,fox ears,aqua eyes,miko"（银色头发，狐狸耳朵，碧蓝眼睛，巫女服），将重绘幅度值调整到0.6并单击生成按钮。如图8-36所示。

生成完成后便得到图像，可以看出之前圈出来的区域按照填入的新提示词在蒙版区域进行了再生成。效果如图8-37所示。

图 8-36　填入要修改的提示词

图 8-37　局部重绘结果

局部重绘工具可以对涂抹的蒙版区域进行调整修改，比如常见的脸部修复、手部修复和物件调整等，是很常用的图生图工具。

小提示：局部重绘的重绘幅度设置

重绘幅度不要太大也不要太小，重绘幅度太大会导致蒙版区域重绘效果与原图衔接相差过大，从而产生很强的割裂感，重绘幅度太小会导致蒙版区域的重绘效果不突出。

（4）涂鸦重绘功能

涂鸦重绘工具可以理解为涂鸦和蒙版的结合，相当于在涂抹颜色的同时加上了局部重绘的蒙版，只不过在这个过程中颜色涂抹和蒙版绘制是同时进行的。因此，和局部重绘相比，涂鸦重绘多了一个参数项：蒙版透明度。

蒙版透明度设置的是涂抹色块在画面中的呈现效果，将重绘幅度设置为0.6后再生成。当透明度设置为0时，涂抹颜色完全覆盖下方图像，此时等同于涂鸦工具的效果，当透明度设置为50%时，蒙版相当于半透明色块，而当透明度达到100%时，蒙版完全透明，相当于色块消失。需要注意的是，当透明度过高时，涂抹色块可能无法被Stable Difusion准确识别，导致在绘制结果中会直接呈现出半透明色块效果（如下图中的50%透明度时）。图8-38所示的4张图从左到右分别是原蒙版，蒙版透明度0%、50%、100%时的图像效果。

图 8-38　不同透明度对图像的影响

　　下面进行实际操作，例如，让巫女的长裙变成短裙，头上带狐狸面具。我们使用画笔，在颜色选择中吸取图像中的颜色进行涂鸦，如图8-39所示。最后的涂抹效果如图8-40所示。

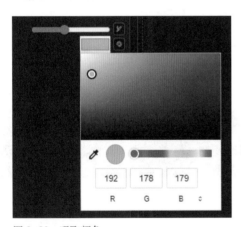

图 8-39　吸取颜色

图 8-40　涂鸦效果

　　将重绘幅度值调整为0.6，输入提示词"White Fox Demon Mask, Japanese Style, flower, Short skirt, revealing thighs,"（白色狐妖面具，日式，花朵，短裙，露出大腿，）。如图8-41所示。

图 8-41　输入调整提示词

使用涂鸦重绘相当于给Stable Diffusion提供了大概的范围参考，并且由于可以自由设置绘制色块的不透明度，所以不用担心完全覆盖原图内容，可以在整个重绘操控上更加准确和稳定地生成最终图像。将涂鸦前后的图像进行对比，可以看得出提出的要求都大致达成了，如图8-42所示。

图 8-42　涂鸦重绘结果

对比来看，涂鸦重绘比单纯的涂鸦工具多了蒙版的局部控图效果，又比局部重绘工具多了颜色的指导作用，可以说是两款工具的结合体。

（5）上传重绘蒙版

涂鸦重绘的功能很自由，但是手动涂抹的方式会让重绘区域的划分不够准确，而上传重绘蒙版可以精准控制重绘区域。上传重绘蒙版和局部重绘的页面基本相同，区别在于上传重绘蒙版支持额外上传一张已绘制好的蒙版图。

例如，我们生成一张白底的图像，可以输入正面提示词"rurudo,1girl, solo, flower, bouquet, purple eyes, maid headdress, looking at viewer, maid, apron, holding, white background, long sleeves, holding bouquet, grey hair, dress, bow, juliet sleeves, puffy sleeves, blush, simple background, parted lips, frills, ribbon, two side up, hair bow, maid apron."

并且输入反面提示词"lowers, bad anatomy, blurry, disembodied limb, Two navel eyes,(worst quality：1.8),low quality,(quality bad：1.8),hands bad, eyes bad, face bad,(normal quality：1.3),More than five fingers in one hand, More than 5 toes on one foot, hand with more than 5 fingers, hand with less than 4 fingers, ad anatomy, bad hands, mutated hands and fingers, extra legs, extra arms, interlocked fingers,duplicate,cropped,text,jpeg,artifacts,signature,watermark,username,blurry,artist name, trademark, title, muscular, sd character, multiple view, Reference sheet, long body, malformed limbs, multiple breasts, cloned face, malformed, mutated, bad anatomy, disfigured, bad proportions, duplicate, bad feet, artist name, extra limbs, ugly, fused anus, text font ui, missing limb."

生成的图像如图8-43所示。然后我们打开Photoshop软件，将图像涂成黑色的蒙版，如图8-44所示。这里蒙版图像的颜色含义和PS中的蒙版颜色含义相同，白色表示有内容，黑色表示为空，因此白色区域内的图像会被进行重绘。

或者我们只要将蒙版图想象成黑板即可，黑色表示默认的空白，白色即粉笔填充后的内容。需要注意的是，在Stable Diffusion中，表示半透明蒙版的灰色并不适用，因此黑白渐变的蒙版图不起效果，平时用黑白纯色即可。

图 8-43　生成的图像

图 8-44　画出蒙版

现在将原图与黑白蒙版图上传到重绘蒙版之中，蒙版图像中白色的部分就是我们需要填充的内容，如图8-45所示。

在提示词区域填入我们想要的背景内容"cafe, indoor, window_, table, chair,"将重绘幅度值调为1，然后单击生成按钮。如图8-46所示。

图 8-45　上传图像

图 8-46　填入背景提示词

最后我们便得到了一个在咖啡馆里拿着一束花的女仆图像。如图8-47所示。

图 8-47　重绘蒙版的生成结果

8.2　随机种子的运用

随机种子是一个可以锁定生成图像初始状态的值，当使用相同的随机种子和其他参数，我们可以生成完全相同的图像。设置随机种子可以增加模型的可比性和可重复性，同时也可以用于调试和优化模型，以观察不同参数对图像的影响。

8.2.1　随机种子的作用

前面的内容中有提到过随机种子，在 Stable Diffusion 中，常用的随机种子有−1 和其他数值。当输入−1或单击旁边的骰子按钮时，生成的图像是完全随机的，没有任何规律可言。而当输入其他随机数值时，就相当于锁定了随机种子对画面的影响，这样每次生成的图像只会有微小的变化。因此，使用随机种子可以控制生成图像的变化程度，从而更好地探索模型的性能和参数的影响。如图8-48所示。

图 8-48　随机种子的作用

（1）随机种子

我们可以在生成图像下方的参数中找到种子参数，如图8-49所示。

图 8-49 种子参数

也可以单击上图的绿色图标显示上一次生成图像所用的随机种子数。如图8-50所示。

图 8-50 显示上一次生成图像所用的随机种子数

再次使用种子数2947420706，在不改变提示词的前提下，生成的图像几乎和以前的一模一样，如图8-51所示。在工作产出中，如果需要细微调整，我们将会固定某个种子参数，然后进行批量生成。

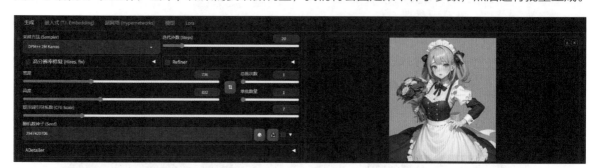

图 8-51 相同种子数再生成的图像

填入随机种子后，再进行图像生成就可以发现，后续的图像的整体风格和造型都和随机种子对应的图像相接近，但也不是完全相同。

基于这个原理，一旦我们生成了一张较为满意的图像后，可以使用这个图像的随机种子快速生成一批图像，并从中挑选出最满意的一张。图8-52所示的是将总批次数调整为4所生成的图像。

图 8-52　固定种子生成的图像

　　可以在保存图像的文件夹中看到图像的名称，后面一串便是它的随机种子数，下面4张图名称中最后的数字是基于种子数"2947420706"向后延伸的，如图8-53所示。

图 8-53　随机种子数

（2）差异随机种子

　　差异随机种子与Midjourney的Blend功能很相似，就是混合两张图像。由于ControlNet的原因，该功能基本上很少使用，其位置如图8-54所示。图8-54中有三个参数：随机种子，差异随机种子，差异强度。其中的差异强度就是两张图像融合的强度。

图 8-54　差异随机种子的位置

139

我们将填入136页图8-43拿着花的女仆图像的种子数到变异随机种子中，然后将变异强度调整为0.5，提示词保持不变。最后生成的图像8-55所示。

图 8-55　生成的图像

8.2.2　通过随机种子固定画面特征

在同一个提示词的环境中，我们可以使用随机种子来固定画面的的特征，这样可以让用户在原有的画面特征中增加新的元素。

例如，我们生成一张图像，正面提示词为"masterpiece, best quality,highres,1girl,very beautiful and cute, star \(symbol\),floral print, Hourglass body shape,(chubby),show foot, very long hair, mini_skirt, prefect leg, leg_lift,((white hair)),garden, bare foot, sitting, detailed eyes"。

反面提示词为"EasyNegative,grayscale,verybadimagenegative_v1.3,negative_hand-neg,badhandv4,monochrome,bad_prompt_version2,FastNegativeV2,ugly,duplicate,mutated hands,(fused fingers),(too many fingers),(((long neck))),missing fingers, extra digit, fewer digits, bad feet, morbid, mutilated, tranny, mutated hands, poorly drawn hands, blurry, bad anatomy, bad proportions, extra limbs, cloned face, disfigured, more than 2 nipples,((((missing arms)))),(((extra legs))),mutated hands,((((((fused fingers)))))),((((((too many fingers)))))),(((unclear eyes))),lowers, bad anatomy, bad hands, text, error, missing fingers, extra digit, fewer digits, cropped, worst quality, low quality, normal quality, jpeg artifacts, signature, watermark, username, blurry, bad feet, text font ui, malformed hands, long neck, missing limb,(mutated hand and finger：1.5),(long body：1.3),(mutation poorly drawn：1.2),disfigured, malformed mutated, multiple breasts, futa, yaoi, extra limbs,(bad anatomy),gross proportions,(malformed limbs),((missing arms)),((missing legs)),(((extra arms))),(((extra legs))),nsfw"。最后生成图像的随机种子数为4088246701，如图8-56所示。我们将它的随机种子数固定，然后就可以在提示词中添加特征了。

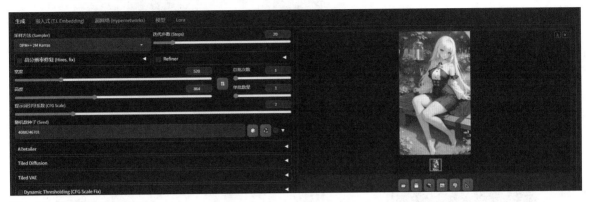

图 8-56　生成图像并固定参数

我们在提示词后面加上"white legwear"（白色袜），给图像中的人物穿上袜子。如图8-57所示。

图 8-57　加上提示词

等待Stable Diffusion生成完成，我们便得到了图8-58，可以看到图像中的人物穿上了袜子。虽然部分内容有所改变，但是图像的特征还是与图8-59所示的原图特征大致上一样。

图 8-58　修改后的图像

图 8-59　修改前的图像

从上述的例子来看，固定随机种子数的确可以保留图像中的特征，但是加入提示词后，前后两图会有一定的动作变化和小物件的变化。当想要加入"Black high heels"（黑色高跟鞋）的提示词进行生成的时候，如图8-60所示。最终却会生成白色的高跟鞋，如图8-61所示。

图 8-60　加上提示词"Black high heels"　　图 8-61　生成的白色高跟鞋

总之，通过固定随机种子画面特征来加入新元素的方法并不是十分有效，这种方法的局限性和变动性较大，所以要对图像特征进行改动时，还是用图生图的蒙版与涂鸦模式比较稳定。

8.3　图生图的进阶

图生图的基础操作我们已经学习过了，现在进入图生图的进阶阶段，将结合之前学习的基础操作来运用图生图功能生成一些复杂的图像。

8.3.1　二次元化

Stable Diffusion可以把真实的人物图像变成二次元图像，也可以导入不是人物的图像，但用描述人物的提示词进行定义，从而把静物、风景拟人化。

首先将准备好的真实人物照片放到图生图区域中，如图8-62所示。

接着反推提示词，由于反推的提示词不是很准确，所以还需要我们手动添加"face, grey background, lips, realistic, solo, grey hair, bishoujo, available light, anime, tareme, light_ blush, lipstick, red eyeshadow, grey eyes, gloom,"（脸，灰色背景，嘴唇，逼真，独奏，灰色头发，美少女，自然光，动漫，眼角下垂，淡淡的腮红，口红，红色眼影，灰色眼睛，昏暗，），然后输入反面提示词"ugly, poorly drawn face, cross-eyed, low quality, blurry, worstquality"（丑

陋、画得不好、斗鸡眼、质量低、模糊、质量差），如图8-63所示。

图 8-62 导入图像

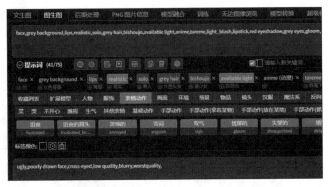

图 8-63 填入相关提示词

将重绘幅度值分别调整为0.5、0.7、1并且进行生成，图像的生成效果会随着重绘幅度的提高而变得更加动漫化。效果如图8-64所示。

图 8-64 真实图像转二次元图像

8.3.2 风景拟人化

将风景拟人化也是同样的原理，将一张风景图像放到图生图区域中，如图8-65所示。然后在提示词的描述中填入与人相关的描述，例如 "1girl,fair_skin,white hair, aqua eyes, smile, highres, anime, full_shot, sailor, barefoot, in spring, long hair, standing,"（1女孩，白皙的皮肤，白发，水绿色的眼睛，微笑，高层，动漫，全身像，水手，赤脚，在春天，长发，站着，青少年，）。

接着输入反面提示词 "bad proportions, out of focus, watermark, signature, bad anatomy, ugly, malformed limbs, missing limb, bad hands, poorly drawn face, mutated hands, poorly drawn hands, extra arms, extra limb, low quality, blurry, lowres"（比例不好、焦点不集中、水印、签名、解剖结构不好、丑陋、四肢畸形、四肢缺失、双手不好、面部画得不好、双手变异、双

手画得不差、手臂多余、四肢多余、质量低、模糊、低分辨率）。这些都是基础通用的人物反面提示词。

图 8-65 导入风景图像

小提示：重绘幅度

要想生成风景的拟人化效果，重绘幅度必须要拉得较高，在重绘幅度0.6以上才会出现有明显的拟人效果，并且重绘幅度越高效果越明显。

设置与原图相似的尺寸，将重绘幅度值分别调整为0.6、0.7、0.9，然后进行图像生成。我们就可以从生成的图像中看到风景拟人化的效果了，如图8-66所示。

图 8-66 风景拟人化

8.3.3 用 ControlNet tile 模型融合图像

我们可能经常在抖音或者小红书上刷到乍一看是文字，但细看却有详细画面细节的图文视频，风景或者人物都有，如图8-67所示。要想做出这样的效果，则需要借助Contentrolnet模型。

图 8-67　文字融合图像

ControlNet是一个控制预训练图像扩散模型(例如Stable Diffusion)的神经网络，允许输入调节图像，然后使用该调节图像来操控图像生成。

ControlNet的调节图像类型众多，例如涂鸦、边缘图、姿势关键点、深度图、分割图、法线图等，这些输入都可以作为条件输入来指导生成图像的内容。

下面让我们开始实际操作：

◉ 步骤01　准备一张黑底白字的图像（可以用PS或figma制作），这里我们使用Photoshop制作了一张黑底白字的图像，如图8-68所示。

◉ 步骤02　在参数区域中找到ControlNet，上传图像到Stable Diffusion中ControlNet的第一个选项中，选择控制类型tile，如图8-69所示。

图 8-68　黑底白字的图像

图 8-69　上传图像到 ControlNet 并选择控制类型

步骤03 ControlNet的模型在下载时会下载到自带的controlnet文件夹中，如图8-70所示。

图 8-70　ControlNet 文件夹

步骤04 将controlnet文件夹中的模型文件转移到文件夹"sd-webui-aki-v4.6.1/models/ControlNet"中，我们需要使用的模型"control_v11fle_sd15_tile_fp16"就在里面，如图8-71所示。

此电脑 › D (D:) › sd-webui-aki › sd-webui-aki-v4.6.1 › models › ControlNet			
名称	修改日期	类型	大小
control_v11e_sd15_ip2p_fp16.safeten...	2024/2/2 18:56	SAFETENSORS ...	705,666 KB
control_v11e_sd15_shuffle_fp16.safet...	2024/2/2 18:59	SAFETENSORS ...	705,666 KB
control_v11fle_sd15_tile_fp16.safeten...	2024/2/2 18:57	SAFETENSORS ...	705,666 KB
control_v11f1p_sd15_depth_fp16.safe...	2024/2/2 18:55	SAFETENSORS ...	705,666 KB
control_v11p_sd15_canny_fp16.safete...	2024/2/2 18:58	SAFETENSORS ...	705,666 KB
control_v11p_sd15_inpaint_fp16.safet...	2024/2/2 18:56	SAFETENSORS ...	705,666 KB
control_v11p_sd15_lineart_fp16.safete...	2024/2/2 18:57	SAFETENSORS ...	705,666 KB
control_v11p_sd15_mlsd_fp16.safeten...	2024/2/2 18:58	SAFETENSORS ...	705,666 KB
control_v11p_sd15_normalbae_fp16.s...	2024/2/2 18:58	SAFETENSORS ...	705,666 KB
control_v11p_sd15_openpose_fp16.s...	2024/2/2 19:00	SAFETENSORS ...	705,666 KB
control_v11p_sd15_scribble_fp16.safe...	2024/2/2 18:59	SAFETENSORS ...	705,666 KB
control_v11p_sd15_seg_fp16.safetens...	2024/2/2 18:56	SAFETENSORS ...	705,666 KB
control_v11p_sd15_softedge_fp16.saf...	2024/2/2 18:57	SAFETENSORS ...	705,666 KB
control_v11p_sd15s2_lineart_anime_f...	2024/2/2 18:55	SAFETENSORS ...	705,666 KB

图 8-71　转移模型文件到特定的文件夹

步骤05 将预处理器设置为tile_resample，选择"control_v11fle_sd15_tile_fp16"模型，然后调整各参数。控制权重是字体图对原图的影响，引导介入时机是字体图在图像绘制进度开始介入的时机，引导终止时机是字体图图像的绘制进度终止时机。Down Sampling Rate（向下采样率）的大小或者多少会影响字体的清晰程度，值越低越清晰。如图8-72所示。

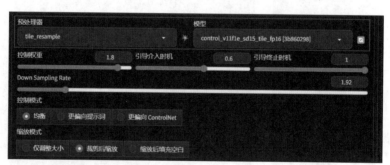

图 8-72　调整参数

步骤06 选择需要融合的图像，将其拖到图生图区域中，这里我们选择一张AI生成的风景图像，如图8-73所示。然后再反推它的提示词即可，调整尺寸，并将重绘幅度值调整到0.6左右。如图8-74所示。

图 8-73 选择需要进行融和的图像

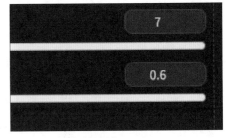

图 8-74 调整重绘幅度

步骤07 这些准备工作做好后就可以进行生成了，单击生成按钮便可以得到融合的图像。然后不断调整控制权重、引导介入时机、引导终止时机、Down Sampling Rate和重绘幅度，直到生成我们满意的效果为止。如图8-75所示。

图 8-75 生成的文字图像

第 9 章

模型的应用

Stable Diffusion与Midjourney不同，Midjourney最多只存储有7~8个模型，并且需要由特定的提示词来触发。而Stable Diffusion则有数不尽的模型选择，用户可以运用Stable Diffusion来训练自己的模型，并可以将训练好的模型分享到网站上，以供大家使用。

Stable Diffusion之所以功能强大和可操作性高，就是因为它可以自定义模型，而且每个模型都有自己擅长的领域。熟练使用这些模型，用户就能够创造出符合自己想象的图像。本章将探究模型的应用。

9.1 模型简介

Stable Diffusion的模型主要分为两类，一种是主模型，另一种则是用于微调主模型的扩展模型。

主模型指的是包含了 TextEncoder（文本编码器）、U-net（神经网络）和 VAE（图像编码器）的标准模型Checkpoint，它是在官方模型的基础上通过全面微调得到的。但这样全面微调的训练方式对普通用户来说比较困难，不仅耗时耗力，对硬件要求也很高，因此用户开始将目光转向训练一些扩展模型，比如Embedding、LoRA 和 Hypernetwork，通过这些扩展模型配合合适的主模型，同样可以实现不错的控图效果。

9.1.1 模型的分类

Stable Diffusion 本身并不是一个模型,而是一个由多个模块和模型组成的系统架构。Stable Diffusion 也不是只能使用一个模型，它可以组合多种模型。下面将详细介绍Stable Diffusion常用的基本模型。

（1）Checkpoint模型

Checkpoint又称Ckpt或大模型，翻译为中文叫检查点。之所以叫这个名字，是因为模型训练到关键位置时会进行存档，有点类似玩游戏时的保存进度，方便后面进行调用和回滚。例如，官方的v1.5模型就是从 v1.2模型的基础上调整得到的。

我们可以在civital的网站上看到这些模型。civitai网站也称C站，是目前模型种类最全面的Stable Diffusion模型分享网站，除此之外也有许多国内的模型网站，这里推荐使用C站，如图9-1所示。

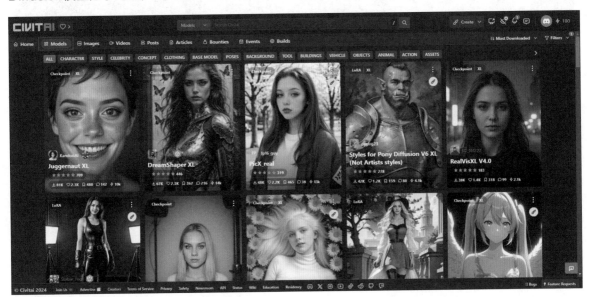

图 9-1　civitai 模型网站

上图中，左上角有"Checkpoint"标注的图像就是大模型。Checkpoint模型的常见训练方法为Dreambooth，该技术原本由谷歌团队基于Imagen模型开发，后来经过适配被引入Stable Diffusion模型中，并逐渐广泛应用。

Dreambooth训练模型是通过微调整个网络参数来得到一个完整的新模型，因此Checkpoint模型可以全面地学习一个新概念，无论是用来训练人物还是画风，效果都很好。

但Dreambooth的缺点是训练成本较高。正常来说从官方模型通过 Dreambooth 训练出一款 Checkpoint 模型，预计需要上万张图片，并且模型的文件包都比较大（至少都是GB级别），常见的模型大小有2G、4G、7G 等，使用起来不够灵活。

图9-2是一个Checkpoint模型的下载页面，可以看到该模型的体积大小为1.99GB。模型下方是作者对该模型的说明，右边的则是模型的各项参数说明。

图 9-2　Checkpoint 模型的下载页面

但并非模型体积越大，绘图质量就越好。我们在模型社区里有时候会看到体积大小高达十几GB的Checkpoint模型，这并非意味着这些模型十分强大，因为除了通过Dreambooth训练，还可以通过模型融合的方法得到Checkpoint模型。但如果作者没有对模型进行优化处理，融合后的模型中会夹杂着大量的垃圾数据，这些数据除了占用宝贵的硬盘空间外没有任何作用。

安装Checkpoint模型的方法也很简单，下载好模型文件后，将其存放到Stable Diffusion安装目录中的"sd-webui-aki-v4.6.1/models/Stable-diffusion"文件夹里。如图9-3所示。

如果用户是在WebUI打开的情况下添加的新模型，则需要单击设置，再单击右侧的重载UI，重载后就能选择新置入的模型了。

图 9-3　存放 Checkpoint 模型

将Checkpoint模型安装好后，在Stable Diffusion的WebUI上方的Stable Diffusion中选择下载好的大模型。这里使用的大模型是yabalMixV3。如图9-4所示。

图 9-4　选择大模型

当我们单击上页图9-2中的人物图像时，就会出现这张图像的各项参数，例如Prompt（提示词）、Negative prompt（反面提示词）、sampler（采样方法）、Model（使用的大模型）、steps（迭代步数）和Seed（随机种子数）等参数。这些数据可以给用户提供很大的帮助。如图9-5所示。

图 9-5　图像的各项参数

（2）Embeddings模型

虽然Checkpoint模型包含的数据信息量很多，但是文件包有时候太大，不适合配置低的计算机。而Embeddings（嵌入）模型就十分轻量，通常只有十几个KB的大小。如图9-6所示。我们可以在Models筛选器中筛选出Embeddings模型。

图9-6　筛选 Embeddings 模型

Embeddings又称作嵌入式向量。Stable Diffusion模型包含文本编码器、扩散模型和图像编码器3个部分，其中文本编码器的作用是将提示词转换成计算机可以识别的文本向量，而Embeddings模型的原理就是通过训练将包含特定风格特征的信息映射在其中，这样后续在输入对应的提示词时，模型就会自动启用这部分文本向量来进行绘制。

图9-7中是一个关于漫威电影宇宙的模型，翻译该页面我们便可以知道这个Embeddings模型是为了让生成人物图像的面部特征更符合漫威女英雄角色的脸，所以最好将这个Embeddings模型搭配生成真实人物的大模型使用。

图9-7　civitai 中的 Embeddings 模型

平时我们想要避免的手部绘画错误、脸部变形等失误都可以通过调用Embeddings模型来解决，比如最出名的EasyNegative模型。一般的Stable Diffusion整合包会自带该Embeddings模型。如图9-8所示。

图 9-8　EasyNegative 模型

Embeddings模型的使用方法很简单。以EasyNegative模型为例，由于它是作用于反面提示词的，所以我们只需要单击反面提示词，然后再单击嵌入式（T.L.Embedding）中的EasyNegative模型，该模型就会出现在反面提示词中并开始起作用。如图9-9所示。

之前示范的狐狸巫女图像的反面提示词"worst quality, large head, low quality, extra digits, bad eyes,EasyNegativeV2,ng_deepnegative_v1_75t,(worst quality, low quality)1.2"就是运用了Embeddings模型，所以就有效地避免了手部绘画错误和脸部变形等失误。如图9-10所示。

图 9-9　EasyNegative 模型出现在反向提示词中

图 9-10　运用 Embeddings 模型后的效果

Embeddings模型的安装方法是将下载好的模型位置放到Stable Diffusion安装目录中的"sd-webui-aki-v4.6.1/embeddings"文件夹里。如图9-11所示。

不过，Embeddings类型也有它的局限性。由于没有改变主模型的权重参数，因此它很难教会主模型绘制没有见过的图像内容，也很难改变图像的整体风格，所以通常用来固定人物角色或画面内容的特征。

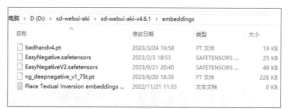

图 9-11　安装 Embeddings 模型

（3）LoRA模型

虽然Embeddings模型非常轻量，但大部分情况下只能在主模型原有能力上进行修正。而LoRA模型既能保持轻便又能存储一定的图片信息，这就是它用处最广泛的原因。在civitai中，LoRA模型的数量可能是最多的。筛选出的部分LoRA模型如图9-12所示。

图 9-12　筛选出的部分 LoRA 模型

LoRA是Low-Rank Adaptation Models的缩写，意思是低秩适应模型。LoRA模型原本并非用于AI绘画领域，它是微软的研究人员为了解决大语言模型微调而开发的一项技术。类似于GPT3.5，包含了1750亿量级的参数，如果每次训练都全部微调一遍，则体量太大。而LoRA可以将训练参数插入到模型的神经网络中，不用全面微调。

通过这样即插即用又不破坏原有模型的方法，可以极大地降低模型的训练参数，模型的训练效率也会显著提升。

由于需要微调的参数量大大降低，LoRA模型的文件大小通常在几百 MB，比Embeddings模型丰富很多，但又没有Checkpoint模型大。如图9-13所示。

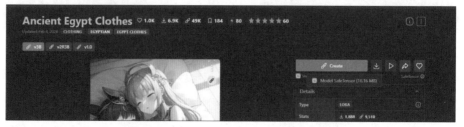

图 9-13　LoRA 模型的大小

模型体积小、训练难度低、控图效果好，在这些优点加持下的LoRA模型收揽了大批创作者的芳心，并在civitai社区中有大量专门针对LoRA模型设计的插件，可以说是目前最热门的模型之一。

LoRA模型可以固定目标的特征形象，这里的目标既可以是人也可以是物，而可固定的特征信息就更加保罗万象了，从动作、年龄、表情、着装，到材质、视角、画风等都能复刻。因此，LoRA模型在动漫角色还原、画风渲染、场景设计等方面都有广泛应用。

LoRA模型的安装方法是将下载好的模型位置放到Stable Diffusion安装目录中的"sd-webui-aki-v4.6.1/models/Lora"文件夹中。如图9-14所示。

图 9-14 安装 LoRA 模型

（4）Hypernetwork模型

Hypernetwork模型的原理是在扩散模型之外新建一个神经网络来调整模型参数，这个神经网络也被称为超网络。如图9-15所示。

图 9-15 Hypernetwork 模型

Hypernetwork模型在训练过程中同样没有对原模型进行全面微调，因此模型尺寸通常也在几十到几百MB不等。我们可以将Hypernetwork模型的实际效果简单理解为低配版的LoRA类型，虽然超网络这个名字给人一种前沿高级的感觉，但这款模型如今的风评并不出众。

Hypernetwork模型在国内已逐渐被LoRA类型所取代，因为它的训练难度很大且应用范围较窄，目前大多用于控制图像画风。所以除非是有特定的画风要求，否则还是建议优先选择使用LoRA模型。现在Hypernetwork模型在civitai中已基本消失，这里就不介绍安装Hypernetwork模型的方法了。

（5）VAE模型

VAE模型的工作原理是将潜空间的图像信息还原为正常图片。作为ckpt模型的一部分，VAE模型并不像前面几种模型用于控制图像内容，而是用于对主模型进行图像修复。如图9-16所示。

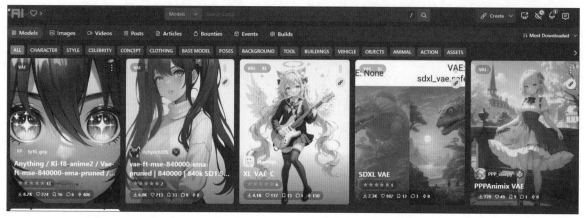

图 9-16 VAE 模型

我们在使用网络上分享的Checkpoint模型绘图时，会发现有时图像的饱和度很低，呈现出灰色质感，但是加上 VAE 模型后图像色彩就得到了修正。

civitai社区中，目前大部分新训练的VAE模型的表现都比较正常，而对于有问题的模型，作者一般在介绍页中会附上他们推荐的VAE模型。图9-17中就是色彩修复后的VAE模型。

图 9-17 色彩修复后的 VAE 模型

VAE的安装位置是在Stable Diffusion安装目录中的"sd-webui-aki-v4.6.1/models/VAE"文件夹里。

（6）SDXL模型

2023年7月26日，Stability AI官网宣布开源了迄今为止最强的绘图模型之一——Stable Diffusion XL 1.0，很多人都对即将推出的该模型感到兴奋。之所以引起广泛热议，是因为这一模型在功能和性能上的提升。

自2022年8月Stable Diffusion V1的发布至今，Stability 已陆续推出过V1.X、V2.X、XL 0.9等多个版本，但除了一开始开源的初代版本外，后续版本似乎都没有像 XL 1.0版本这样引起如此多热议，XL0.9也只是支持在ComfyUI上使用。所以XL 1.0 算是真正意义上大多数用户可以体验的全新旗舰版模型。完整的Stable DiffusionXL 1.0 包含两个部分：Base版基础模型和Refiner版精修模型，前者用于绘制图像，后者用于对图像进行优化，添加更多细节。如图9-18所示。

图 9-18　XL 1.0 模型

Stable DiffusionXL 1.0是目前世界上最大参数级的开放绘图模型之一，基础版模型使用了35亿级参数，而精修版模型使用了66亿级参数。巨量级参数带来的是出图兼容性大幅提升，Stable DiffusionXL 1.0几乎可以支持任意风格的模型绘制，并且图像精细度和画面表现力也都得到了显著提升。

如今的Stable DiffusionXL 1.0甚至可以支持生成清晰的文本，这是目前市面上绝大多数绘图模型都无法做到的。此外，该模型对人体结构的理解也加强了，之前一直被诟病的手脚错误等问题都得到了显著改善。

SDXL模型是Checkpoint模型的一个版本，所以大模型安装该模型的方法与安装Checkpoint模型的方法类似。

9.1.2 模型文件格式

如果用户有尝试过自行安装Stable Diffusion模型，可能会遇到过被文件后缀弄混淆的情况，因为我们通常都习惯用后缀名来判断文件类型，比如后缀是"*.psd"的一般都是 PS 文件、后缀是"*.fig"的则是Figma文件、后缀"*.pptx"指的是Powerpoint文件等。

但Stable Diffusion模型的文件后缀包括了"*.ckpt""*.pt""*.pth""*.safetensors"等各种类型，甚至 WebUI 中还可以保存成"*.png"和"*.webp"格式。如果用户单纯想靠文件后缀来判断模型类型，则往往会被弄的一头雾水，因为这几种都是标准的模型格式，在Stable Diffusion中不基于模型类型设置对应的文件后缀。比如"*.ckpt"后缀的文件既可能是Checkpoint模型、也可能是LoRA模型或者VAE模型。

而不同文件后缀的区别在于："*.ckpt""*.pt""*.pth"等后缀名表示的是基于pytorch深度学习框架构建的模型，因为模型保存和加载底层用到的是Pickle技术，所以存在可被用于攻击的程序漏洞，因此这几款模型后缀的文件中可能会潜藏着病毒代码。为了解决安全问题，带有"*.safetensors"后缀名的模型文件逐渐普及开来，这类模型的加载速度更快也更安全，这一点在"safe"的后缀名上也能看出来。如图9-19所示。

图 9-19 统一为".safetensors"后缀名

当用户需要区分模型类型时，可以使用博主秋葉aaaki开发的Stable Diffusion模型在线解析工具，只需将模型文件拖入网页，即可快速分析出模型类型，并会附上安装地址提示和使用方法。而且该工具完全运行在本地，数据并不会上传到云端。Stable Diffusion模型在线解析网站如图9-20所示。

我们将模型文件拖入到白色矩形内，这里我们选择一个模型文件拖到网站里面。然后我们就可以看到该模型的详细参数，例如，模型的种类是LoRA模型，以及模型的详细用法等。如图9-21所示。

图 9-20 模型解析网站

图 9-21 模型信息

除了解析模型类型，该网站还有个非常好用的功能，就是可以读取Stable Diffusion生成图像的相关信息。只需将由Stable Diffusion绘制的原图拖入页面中，即可解析出该图像所使用的提示词、设置参数等信息，但需要注意的是，上传的图片必须是没有经过编辑的AI绘画原图。如图9-22所示。

图 9-22　图像参数解析

9.2　LoRA模型的加载和使用

在上面的小节中，我们了解了各种模型的作用和安装方法。LoRA模型做为轻量且最受欢迎的模型，在学习使用Stable Diffusion的过程中有重要的地位。接下来，我们将探讨加载和使用LoRA模型的方法。

步骤01　首先，我们在civitai社区中选择一个LoRA模型并下载。如图9-23所示。

图 9-23　选择 LoRA 模型

◎ **步骤02** 下载该LoRA模型到Stable Diffusion安装目录中的"sd-webui-aki-v4.6.1/models/Lora"文件夹中。如图9-24所示。

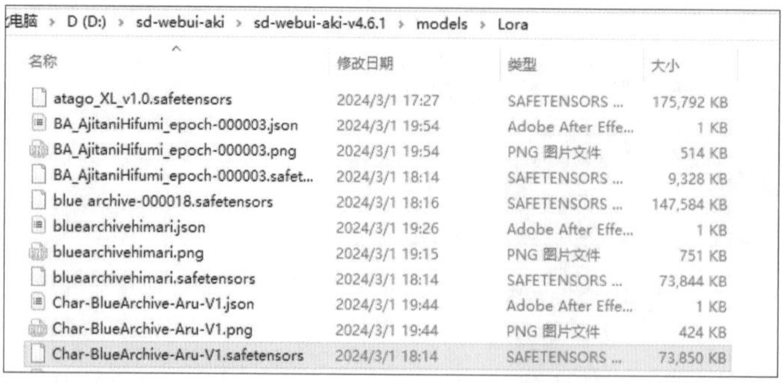

图9-24 下载模型到指定文件夹

◎ **步骤03** 启动Stable Diffusion，在下方参数区域中找到并单击LoRA，就可以在其中找到下载的LoRA模型。如图9-25所示。

图9-25 LoRA 模型的位置

◎ **步骤04** 在LoRA模型网页可以找到Trigger Words（触发词），这是顺利生成模型的关键。单击紫色区域可以复制Trigger Words "aru\(blue archive\),white gloves, horns, high-waist skirt, fur-trimmed coat, white shirt, high heels, neck ribbon, coat on shoulders, anklet"（白手套、牛角、高腰裙、毛皮镶边外套、白衬衫、高跟鞋、颈带、肩上外套、脚链），如图9-26所示。

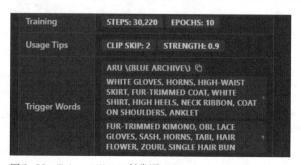

图9-26 Trigger Words 触发词

步骤05 填入下面提示词"aru \(blue archive\),white gloves, horns, high-waist skirt, fur-trimmed coat, white shirt, high heels, neck ribbon, coat on shoulders, anklet, sitting_on_bed, leg_lock, full_shot,"

填入反面提示词"(worst quality：1.4, low quality：1.4),(bad anatomy),(inaccurate limb：1.2),bad composition, inaccurate eyes, extra digit, fewer digits,(extra arms：1.2),multiple views,badhandv4,physical-defects：2,unhealthy-deformed-joints：2,unhealthy-hands：2,bad feet, extra legs, disconnected limbs, floating limbs, extra limb, malformed limbs, poorly drawn hands,"如图9-27所示。

图9-27　填入提示词

步骤06 回到上页图9-25的LoRA模型中，单击红框内的LoRA模型，在正向提示词中会出现一行新的提示词"<lora：Char-BlueArchive-Aru-V1：1>,"这就表示LoRA模型可以作用于整个大模型中了。大模型最好选择与LoRA画风相似的大模型，这里用的是yabalMixV3大模型。如图9-28所示。

图9-28　出现新提示词

> **小提示：LoRA的影响**
>
> LoRA后的数字表示的是对图像的影响权重。1为最大，数值越小影响越小。（浮动0.1~1）。

步骤07 设置好参数并调整好尺寸，就可以单击生成了，如图9-29。然后我们便能得到使用LoRA模型生成的图像了。可以看出图像中人物的面部特征、服装和我们在civitai社区中找到的LoRA模型的例图基本上是一样的。

步骤08 对比没有使用LoRA模型的提示词所生成的图像，与使用了LoRA模型的提示词所生成的图像，如图9-30所示。从左数的第一张图像没有使用LoRA模型，而后面两张图像使用了LoRA模型，可以看出很明显的区别。

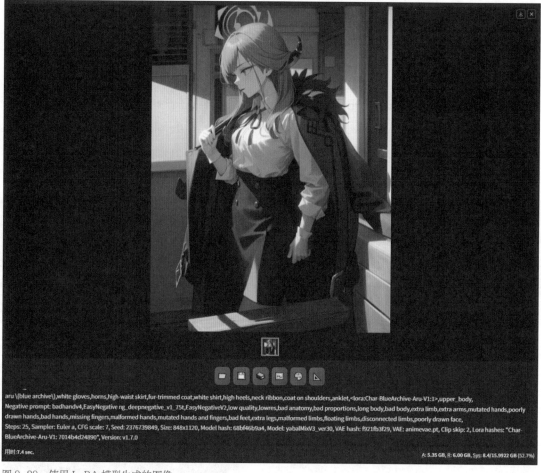

aru \(blue archive\),white gloves,horns,high-waist skirt,fur-trimmed coat,white shirt,high heels,neck ribbon,coat on shoulders,anklet,<lora:Char-BlueArchive-Aru-V1:1>,upper_body,
Negative prompt: badhandv4,EasyNegative ng_deepnegative_v1_75t,EasyNegativeV2,low quality,lowres,bad anatomy,bad proportions,long body,bad body,extra limb,extra arms,mutated hands,poorly drawn hands,bad hands,missing fingers,malformed hands,mutated hands and fingers,bad feet,extra legs,malformed limbs,floating limbs,disconnected limbs,poorly drawn face,
Steps: 25, Sampler: Euler a, CFG scale: 7, Seed: 2376739849, Size: 848x1120, Model hash: 68bf46b9a4, Model: yabalMixV3_ver30, VAE hash: f921fb3f29, VAE: animevae.pt, Clip skip: 2, Lora hashes: "Char-BlueArchive-Aru-V1: 7014b4d24890", Version: v1.7.0
用时:7.4 sec.   A: 5.35 GB, R: 6.00 GB, Sys: 8.4/15.9922 GB (52.7%)

图 9-29 使用 LoRA 模型生成的图像

图 9-30 图像对比

🐾 小提示：为模型配图

当用户需要在LoRA模型中寻找以前用过的LoRA模型的时候，会因为下载的模型太多导致寻找困难，我们可以通过为模型配图的方法来解决这个问题。

在LoRA模型中，将鼠标移到指定的模型中，在右上角可以看到一个锤子与扳手的图标，单击该图标，在下方的橘色选项中选择替换预览图像，就可以将用户刚生成的图像设置为此模型的封面，以方便辨认。如图9-31所示。

图 9-31　为模型配图

第 10 章

游戏角色模型的插画

由于AI绘画的强大，许多游戏公司和设计公司都在逐渐地使用AI绘画来提高公司画师的生产效率，所以一个不会使用AI进行绘画的画师则很容易被其他会AI的画师淘汰。

如果用户是游戏行业的角色插画师，使用AI绘画辅助则可以帮助寻找灵感，提升工作效率。对于AI绘画来说，设计游戏角色模型的是十分轻松的，它的训练数据包含了很多游戏角色模型和插画。AI绘画会通过用户需要的人物特征去尽量还原并且生成出一张高质量的游戏角色模型插画。本章将会学习如何用Midjourney和Stable Diffusion生成游戏角色模型的插画。

10.1 游戏角色设定

游戏角色设定是一个游戏的灵魂，每个游戏都有它独特的角色设计，而每个游戏的主要人物是游戏IP的基础。

设计一个游戏角色要参考的东西有很多，而要设计一个优秀的游戏角色更需要很深厚的功底和文化累积，以及大量的参考，并且主要需要注意以下几点。

（1）思考角色的个性与特点

在进行角色设计之前，我们需要对游戏的故事情节有深入的了解。通过了解故事的背景和主题，可以思考出每个角色的个性和特点。

例如，如果是一个冒险类游戏，主人公则需要勇敢、机智并且有一定的技能；如果是一款卡通风格的游戏，角色的外表和行为则需要符合可爱、搞笑的风格。

（2）注重角色的视觉效果

游戏角色的视觉效果是非常重要的，这直接影响到玩家对角色的喜爱程度。因此，在进行角色设计的时候，需要注重角色的外表设计。外表设计需要考虑到角色的性格、特点、职业等方面。

例如，战士类角色需要设计出高大威猛的外表；法师类角色需要设计出神秘、智慧的感觉；而盗贼类角色需要设计出灵活、机智的感觉。

（3）设计具有代表性的服饰和道具

服饰和道具是角色设计中非常重要的组成部分。通过适当的服装和道具的设计，可以让角色更加具有代表性和个性化。

例如，战士类角色需要设计出硬朗、厚重的盔甲和武器；而法师类角色需要设计出具有魔法元素的服装和道具。同时，在进行设计的时候，需要考虑到服饰和道具的实用性和可行性，避免设计过于炫酷但缺乏实用性的服饰和道具。

（4）利用色彩和光影营造氛围

色彩和光影的运用可以为游戏角色设计带来更加丰富的视觉效果，同时也可以营造出不同的氛围。在进行色彩和光影的设计的时候，需要考虑到游戏的故事背景和主题，并根据角色的个性和特点进行合理的搭配。

例如，在设计战斗场景时，可以使用暖色调和强烈的光影效果来营造出紧张、刺激的氛围；而在设计和平场景时，可以使用柔和的色彩和柔和的光影效果来营造出温馨、安静的氛围。

以上是传统绘画的游戏角色设计要点，AI绘画的出现则为设计带来了新的机遇和挑战。学会使用AI生成游戏角色，可以极大提高原画师的效率。

10.2 运用Midjourney生成游戏角色

得益于Midjourney的功能强大且操作简便，它可以很快地为我们生成游戏角色的设定图。

例如，想要生成一个异世界的冒险家少女，她是长着猫耳的兽人种族，我们可以先向ChatGPT提问获取提示词以提供灵感。如图10-1所示。

> **你**
> 制作一个表格，包含猫耳冒险家女孩的中文和英文单个单词的prompt
>
> **ChatGPT**

中文 Prompt	英文 Prompt
猫耳	Cat-eared
冒险家	Adventurer
女孩	Girl
破旧的	Tattered
皮革护甲	Leather armor
古老的	Ancient
剑	Sword
镶嵌着	Adorned with
宝石	Gems
古老的	Ancient
城堡废墟	Ruins of a castle
破碎的	Broken
窗户	Windows
神秘的	Mysterious
氛围	Atmosphere
冒险	Adventure
奇幻	Fantasy
油画风格	Oil painting style
高清	High definition

图 10-1　获取提示词

通过以上的提示词我们可以得到灵感，在组合添加自己喜欢的特征和游戏人物设计方面的提示词后，就可以得到提示词"ame Character Design, girl, character turnaround sheet, three-view drawing, Cat-eared adventurer, wearing a tattered leather armor, Orange hair, blue eyes, Adventure, a leather bag, fantasy, Sword, Gems, oil painting style, high definition --ar 3：2"（游戏角色设计，女孩，角色翻转单，三视图绘制，猫耳冒险家，穿着破旧的皮甲，橙色的头发，蓝色的眼睛，冒险，皮包，幻想，剑，宝石，油画风格，高清--ar 3：2）。

现在我们将得到的提示词用/imagine生成，就能得到关于猫耳冒险家女孩的游戏角色设计插画。如图10-2所示。

图 10-2　猫耳冒险家女孩

　　上图4张图像中的第3张图像最符合游戏人物的设定图，我们可以将它单独提取出来。如图10-3
所示。

图 10-3　提取的人物设定图

　　如果该游戏公司的要求更偏二次元的风格，我们就用Nijijourney的模型来生成，最后效果如图10-4
所示。

图 10-4 用 Nijijourney 的模型生成的人物设定图

在上图4张图像中，第2张图像最符合游戏人物的设定图，我们将它单独提取出来，如图10-5所示。

图 10-5 提取的二次元人物设定图

以上由Midjourney生成的图像可以为画师提供很多的灵感，我们可以多次生成，提取出更多样本。

也可以不用在提示词中加上特定的特征设定，例如提示词为"Game Character Design, girl, character turnaround sheet, three-view drawing, animated, high definition, Character Design, Multiple samples, Three Views, full body --ar3∶2"。将这个提示词用/imagine生成。效果如图10-6所示。

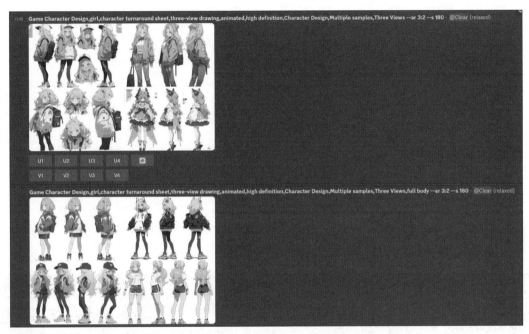

图 10-6　生成人设图

我们可以在这些人设中找到喜欢的图像来作为创作的灵感，借鉴人物的服饰、发型和动态等方面的可取之处。如图10-7所示。

图 10-7　借鉴可取之处

10.3 运用Stable Diffusion生成游戏角色

相较于Midjourney的随机性和不可调整性，Stable Diffusion就显得智能多了。我们可以用Stable Diffusion生成一个游戏角色，再运用图生图功能去调整参数。

输入之前的猫耳冒险者的提示词 "1girl,Multiple views of the same character in the same outfit, character design, white background, full_shot, Three Views, Game Character Design, character turnaround sheet, three-view drawing, Cat-eared adventurer, wearing a tattered leather armor, Orange hair, blue eyes, Adventure, a leather bag, fantasy, Sword, Gems, oil painting style, high definition, cat ears, cat tail,"

再输入反面提示词 "blurry, bad anatomy, worstquality, lowres, bad proportions, low quality,EasyNegative,badhandv4,EasyNegativeV2,ng_deepnegative_v1_75t,bad feet, extra legs, too many fingers, fused fingers, missing fingers, floating limbs, disconnected limbs, extra limb, extra arms, mutated hands, poorly drawn hands, malformed hands, mutated hands and fingers, bad hands, malformed limbs, deformed, missing limb, ugly,"如图10-8所示。

图 10-8 填入提示词

将图像尺寸设置为1024×512像素，再单击生成按钮，之后便能得到图像了，可以看出生成的人物设定比较符合人设图的基本要求的，如图10-9所示。

图 10-9 生成的猫耳冒险者

将此图像拖到图生图区域中，我们使用高清生成，修复原图中一些模糊的地方，如图10-10所示。

图 10-10　将图像拖到图生图区域

推荐使用SD upsacle高清修复，而不是在文生图中进行高清修复，因为文生图的高清修复占用的GPU内存大，对一些GPU配置低的计算机十分不友好。而SD upscale是将图像分割生成，占用的GPU内存量小，所以推荐使用图生图的SD upsacle脚本。

设置好参数后我们就可以进行高清修复了，如图10-11所示。

图 10-11　设置 SD upsacle 参数

然后我们就得到了高清修复的人设图像，高清修复后的图像经过了补色、面部和手部修复，还添加了一些原图没有的细节，所以SD upsacle在高清修复方面相较于文生图表现得更出色。如图10-12所示。

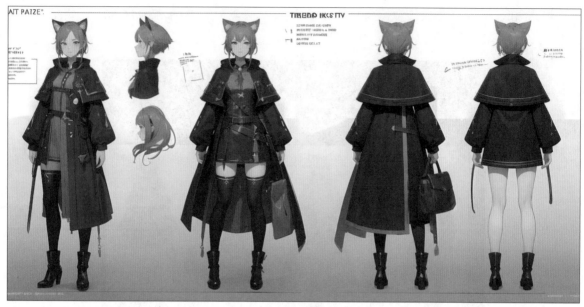

图 10-12　高清修复后的设定图

　　如果我们想要对人设图的一些部分进行修改，可以使用图生图的局部重绘和涂鸦重绘的功能。例如，我们想要把人设图中人物的短发变成长发，就可以用涂鸦重绘工具将长发部分涂出来。如图10-13所示。

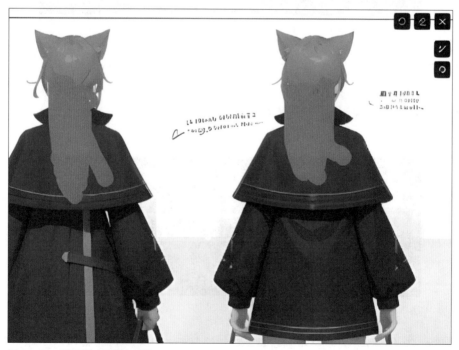

图 10-13　用涂鸦工具涂出长发

　　然后我们将重绘幅度值调整为0.4、0.5、0.6或者更高，逐一查看重绘效果，如图10-14所示。

图 10-14　调整重绘幅度

　　重绘完成后我们就能看到效果，涂鸦过的地方被重新绘制了，图10-15是重绘幅度值为0.4的效果。

图 10-15　重绘后的图像效果

　　涂鸦重绘和局部重绘也会出现与原图中其他地方有拼接违和的情况，这时候我们可以再将图10-15放到图生图区域中再次重绘，将重绘幅度值调低，就可以修复出现拼接违和的地方了。图10-16是再次重绘的效果。

图 10-16　再次重绘的图像效果

　　但如果我们比较满意设定图的构成，也可以把重绘幅度值调到0.7以上，这样能得到更多相似的样本。如图10-17所示。

图 10-17　多次生成样本

　　如果我们想要生成同人角色的三视图，可以使用LoRA模型，然后将提示词改为LoRA模型的触发词。人设图提示词为"1girl,aru \(blue archive\),white gloves, horns, high-waist skirt, fur-trimmed coat, white shirt, high heels, neck ribbon, coat on shoulders, anklet, Multiple views of the same character in the same outfit, character design, white background, full_shot, Three Views, Game Character Design, character turnaround sheet, three-view drawing,<lora：Char-BlueArchive-Aru-V1：1>，"

　　反面提示词为 "blurry, bad anatomy, worstquality, lowres, bad proportions, low quality, EasyNegative,badhandv4,EasyNegativeV2,ng_deepnegative_v1_75t,bad feet, extra legs, too many fingers, fused fingers, missing fingers, floating limbs, disconnected limbs, extra limb, extra arms, mutated hands, poorly drawn hands, malformed hands, mutated hands and fingers, bad hands, malformed limbs, deformed, missing limb, ugly，"将提示词填入，如图10-18所示。

图 10-18　输入提示词

　　将尺寸设置为1024×512像素，就可以开始生成图像了。生成图像并将它高清修复，如图10-19所示。我们便得到了同人人物的角色设定图。

图 10-19　同人角色设定图

175

但是通过上述方法生成的三视图没有精确到人物的正背侧面，也会有服装上的差异。所以我们可以用专门生成角色三视图的LoRA模型。CharTurnerBera是最受欢迎的角色三视图的LoRA模型，运用该模型能生成十分标准的游戏角色设定图。如图10-20所示。

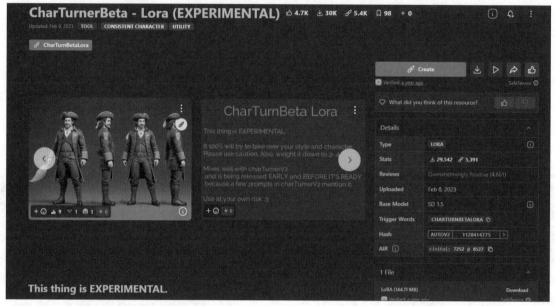

图 10-20 使用 CharTurnerBera 模型生成三视图

这个模型还需要结合ControlNet并配合骨架图一起使用，这里我们可以选择好要导入的骨架图，如图10-21所示。

设置ControlNet模型为control_v11p_Sd15_openpose_fp16即可，控制权重、引导介入时机和引导终止时机保持默认设定，然后调整好尺寸就可以进行生成了。如图10-22所示。

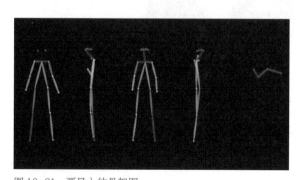

图 10-21 要导入的骨架图

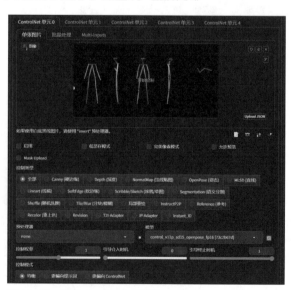

图 10-22 设置 ControlNet 模型

可以将它和角色LoRA模型结合一起使用，图10-23是加上了CharTurnerBera Lora所生成的角色设定图。

图 10-23　加上 CharTurnerBera Lora 所生成的角色设定图

还有一些像素风的人物LoRA模型M_Pixel，可以用于制作像素风格游戏的游戏角色参考。如图10-24所示。

图 10-24　像素风格人物 LoRA 模型

真人和CG人物的大模型用于生成真实的游戏CG人物，以供人物角色设计师和游戏角色建模师参考。如图10-25所示。

177

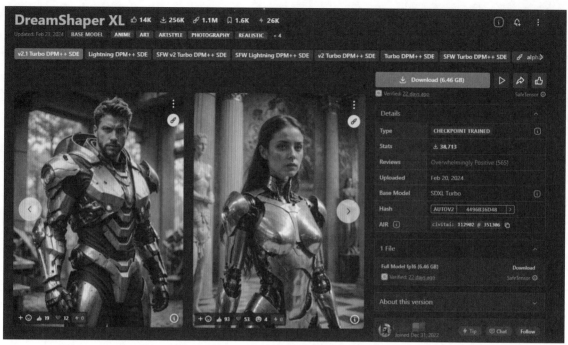

图 10-25 真实游戏 CG 大模型

表10-1整理了一些游戏角色的提示词。

表10-1 游戏角色的提示词

中文提示词	英文提示词	中文提示词	英文提示词
游戏	Game	精灵	Elf
角色	Role	猫耳	Cat-eared
玩家	Player	冒险家	Adventurer
男性	Male	机器人	Robot
女性	Female	恶魔	Giant
英雄	Hero	天使	Angel
反派	Villain	皇帝	Emperor
职业	Profession	贵族	Noble
技能	Skill	海盗	Pirate
魔法	Magic	忍者	Ninja
战士	Warrior	武士	Samurai

中文提示词	英文提示词	中文提示词	英文提示词
法师	Mage	美女	Beauty
弓箭手	Archer	兽人	Orc
盗贼	Thief	野兽	Beast
游侠	Ranger	机械	Mech
牧师	Priest	萌物	Mascot
小偷	Rogue	头饰	Top
巫师	Wizard	外套	Jacket
斗士	Fighter	衬衣	Shirt
骑士	Knight	裤子	Pants
龙	Monster	裙子	Skirt
连衣裙	Dress	护腿	Leggings
长袍	Robe	护甲	Armor
外衣	Coat	盾牌	Shield
背心	Vest	铠甲	Chainmail
西装	Suit	丝绸礼服	Silk gown
皮革	Leather	高跟鞋	High heels
丝绸	Silk	运动鞋	Sneakers
毛织物	Wool	项链	Necklace
长袜	Socks	面具	Mask
鞋子	Shoes	眼镜	Glasses
靴子	Boots	皇室家礼服	Royal attire
头盔	Helmet	弓箭手服装	Archer outfit
帽子	Hat	和服	Kimono

第 11 章

水墨风格的插画

　　水墨画是一种以中国特制烟墨为主要材料，通过墨与水不同比例的调配，创造出丰富层次和独特韵味的绘画形式。这种画作通常只包含黑、白、灰三种基本色调，但也可以表现丰富的意境和色彩。

　　水墨画的特点在于笔法的运用，强调笔法的多变和墨色的深浅、干湿变化，通过笔触的粗细、顿挫和墨色的浓淡、清浊，来表现物体的质感和光影效果。水墨画不仅限于山水画，还包括花鸟、人物等多种题材。在中国画中，水墨画以其独特的艺术魅力和表现手法占据着重要地位。

　　水墨画作为中国的代表性绘画艺术风格，在世界范围内的影响也很大，许多国外画家也或多或少在自己的画作中添加了水墨风的特点，做到中西结合。因此AI绘画也将水墨风格作为了一种训练风格，我们也可以用AI绘画来生成水墨风格的插画。

11.1　使用Midjourney生成水墨风格插画

在现代社会，传统的山水画创作方式已经难以满足人们对艺术的探索和创新了，而AI绘画的出现，给山水画带来了前所未有的变革。AI绘画可以模仿或者突破传统的山水画风格，生成令人惊叹的作品，有的甚至超越了人类的想象力。

Midjourney收录了许多国家的绘画风格，其中就有水墨风格。使用Midjourney可以很快地为我们生成水墨风格的插画。

11.1.1　水墨龙插画生成

运用Midjourney来生成水墨风格的插画，首先需要使用水墨风格插画相关的提示词来触发这一风格的形成提示"Traditional Chinese ink Painting Style, black and white"（中国传统水墨风格，黑白）。

例如，我们要生成一张霸气的水墨龙图像，就要在/imagine在输入提示词"ong dragon, traditional Chinese buildings, surrounded by mountain ranges, misty cloud, and a lot of white space, traditional Chinese ink painting, black and white, simple style, impressionism and surrealism style, intricated details,8k,ultra HD,--ar16：9"（龙，中国传统建筑，山脉环绕，云雾缭绕，白色空间很多，中国传统水墨画，黑白，简约风格，印象派和超现实主义风格，细节错综复杂，8k，超高清，--ar16：9），然后就可以得到对应的图像效果，如图11-1所示。

图11-1　水墨龙

与Midjourney的V5模型版本相比，Nijijourney的niji 5模型版本可能更适合用来生成水墨风格的插画。在相同提示词的前提下，两个模型版本会生成不一样的效果。如图11-2所示。

图 11-2　niji 5 模型版本的水墨龙

11.1.2　水墨山水插画生成

因为水墨风格也属于平面的表达，所以Nijijourney这种专门生成二次元风格图像的模组可能更适合用来生成水墨风格的插画。使用niji 5模型版本生成出来的水墨风格插画更加接近现实中水墨的质感，水墨被晕在纸上的通透感和渐变的过渡都要比Midjourney V5模型版本生成的插画要更加自然。如图11-3所示。

图 11-3　水墨山水画

11.1.3 水墨风高达插画生成

将传统的水墨与高科技结合，可以生成用水墨风格画出的高达机器人。水墨风高达的提示词为 "Traditional Chinese ink Painting Style, black and white, Gundam Robotics, handsome, high-tech weapons, bust, White background,4k—ar2：3，"分别用V5和niji 5模组生成并查看图像效果。如图11-4所示。

图 11-4　水墨风高达

11.1.4 彩色水墨插画生成

水墨风格不只有黑白，也有彩色的水墨画，即为传统的国画风格。输入提示词 "white camelias and yellow songbirds, full moon, traditional chinese Ink painting, Zhangdaqian, a large blank space, dark beige and sky blue, rhythm, vitality, soft color contract—ar3：2—niji 5—s 400，"生成的水墨国画效果如图11-5所示。

图 11-5　水墨国画

11.2 使用Midjourney生成水墨大师插画

Midjourney还融合了许多有名的水墨画家的风格，这些水墨画家以别具一格的笔墨和创新构思，将传统与现代融合能让人感受到他们作品中浓厚的文化底蕴。无论是山水、花鸟还是人物，每一幅画作都散发着艺术气息，让人沉醉其中。

11.2.1 齐白石（Qi Baishi）

齐白石风格的水墨画奇特写意，形象生动富有幽默感。图11-6的提示词为"extreme close-up, Epic ink bending shot, Traditional Chinese ink Painting Style, POV view, Hanfu, Hanfu Women, solo, dancing on the stage, exaggerated perspective, Chinese style, by Qi Baishi—ar 3:2"。

图 11-6　齐白石风格的水墨画

11.2.2 黄宾虹（Huang Binhong）

黄宾虹是山水画大师，常以静谧、凝重的笔墨表现自然景色。图11-7的提示词为"Chinese ancient architecture, high mountains, waterfall, in the clouds, traditionalChinese ink painting, watercolor, Huang Binhong --ar 3:2"。

图 11-7　黄宾虹风格的水墨画

11.2.3　吴昌硕（Wu ChangShuo）

吴昌硕是工笔花鸟画大师，他的画细致入微，色彩鲜艳。图11-8的提示词为"Branches, birds, ink ftower, yrvidcolors, traditonal Chinese painting, with a beige background Chinese ancient architecture, Wu Changshuo --ar 3：2"。

图 11-8　吴昌硕风格的水墨画

11.2.4　任伯年（Ren Bonian）

任伯年是写意山水画家，以浑厚的笔墨和独特的构图见长。图11-9的提示词为"Chinese ancient architecture, high mountains, waterfalls, in the clouds, traditionalChinese ink painting, watercolor, Ren Bonian --ar 3：2"。

图 11-9　任伯年风格的水墨画

185

11.2.5　于非闇（Yu Fei'an）

于非闇的水墨画以花鸟为主，造型生动。图11-10的提示词为"Branches, birds, flowers, vivid colors, traditional Chinese painting, with a beige background, Chinese ancient architecture, Yu Fei'an --ar 3：2"。

图 11-10　于非闇风格的水墨画

11.2.6　李可染（Li Keran）

李可染的水墨画兼具写实与写意的风格，以浓郁的色彩和独特的构图著称。图11-11的提示词为"birds, trees, high mountains, waterfalls, in the clouds, traditional Chinese ink painting, watercolor, Li Keran --ar 3：2"。

图 11-11　李可染风格的水墨画

11.2.7　陈逸飞（Chen Yifei）

陈逸飞以山水画见长，笔墨淡雅，意境清幽。图11-12的提示词为"birds, trees, high mountains, waterfalls, in the clouds, traditional Chinese ink painting, watercolor, Chen Yifei--ar3：2"。

图11-12　陈逸飞风格的水墨画

11.2.8　陈半丁（Chen Banding）

陈半丁以山水画为主，注重意境的营造和笔墨的运用。图11-13的提示词为"Chinese ancient architecture, high mountains, waterfalls, in the clouds, traditional Chinese ink painting, watercolor, Chen Banding --ar 3：2"。

图11-13　陈半丁风格的水墨画

除了以上提到的例子，还有许多的水墨画师，如赵无极Zao Wou-Ki、董其昌Dong Qichang、王时敏Wang Shimin、齐景瑞Qi Jingrui、杨洪基Yang Hongji、梁楷Liang Kai、郭沫若Guo Moruo、刘海粟Liu Haisu、傅抱石Fu Baoshi和赵望云Zhao Wangyun等。

11.3　Stable Diffusion的水墨风格LoRA模型

Stable Diffusion的模型包罗万象，种类繁多，在civitai社区中有许多画水墨的LoRA模型，这些LoRA模型是通过让Stable Diffusion学习大量中国水墨画所训练出的。

这里推荐使用墨心LoRA，是由国人制作的LoRA模型，在civitai社区中直接搜索"墨心"即可找到。墨心LoRA是由安吉吴仓石、兴化板桥先生、八大山人、山阴伯年等大师的大小写意作品辅以现代人物训练而成的。触发词为"shuimobysim, wuchangshuo, bonian, zhengbanqiao, badashanren,"如图11-14所示。

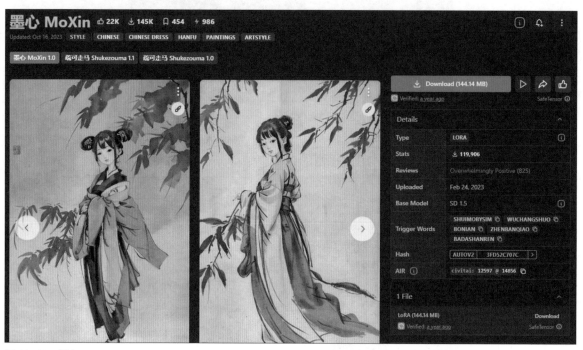

图 11-14　墨心 LoRA

下载墨心LoRA后安装到LoRA的模型文件夹，然后打开Stable Diffusion Web UI，就可以尝试生成图像了。用之前生成巫女的提示词来尝试，输入提示词"A low-fi, overexposed Polaroid snapshot of a smiling girl with fox ears wearing a red hakama and a miko outfit, with black hair, taken with a flash, in a shrine in Japan, with a sunset, on a cobblestone path, with a street light, and slightly out of focus,<lora：MoXinV1：1>,shuimobysim, wuchangshuo,"再在后面加上LoRA和触发词即可。然后输入反面提示词"worst quality, large head, low quality, extra digits, bad eyes,(worst quality, low quality)1.2, badhandv4, EasyNegative, EasyNegativeV2, ng_deepnegative_v1_75t,"如图11-15所示。

图 11-15　填入提示词

调整各项参数并设置采样方
法DPM ++2M Karras、迭代步
数20和画面尺寸840×512。单
击生成按钮后我们就得到了一幅
水墨风格的插画，如图11-16
所示。并且能够看出使用了该
LoRA后的图像明显有水墨风
效果。

图 11-16　水墨风格的插画

由于LoRA模型的强大介入，运用此水墨风的LoRA模型加上人物或者场景的提示词，就能生成
理想的水墨风格插画。墨心生成的水墨风人物插画如图11-17所示。

图 11-17　墨心生成的水墨风人物插画

189

墨心LoRA生成的山水静物的水墨画如图11-18所示。

图 11-18　山水静物水墨画

结合其他人物的LoRA模型输入提示词 "aru \(blue archive\),white gloves, horns, high-waist skirt, fur-trimmed coat, white shirt, high heels, neck ribbon, coat on shoulders, anklet, sitting_on_bed, leg_lock, full_shot,<lora：Char-BlueArchive-Aru-V1：1>,<lora：shuimobysimV3：0.8>,bonian,wuchangshuo," 然后将墨心的权重参数调为0.8。

再输入反面提示词 "(worst quality：1.4, low quality：1.4),(bad anatomy),(inaccurate limb：1.2),bad composition, inaccurate eyes, extra digit, fewer digits,(extra arms：1.2),multiple views,badhandv4,physical-defects：2,unhealthy-deformed-joints：2,unhealthy-hands：2,bad feet, extra legs, disconnected limbs, floating limbs, extra limb, malformed limbs, poorly drawn hands," 生成的图像效果如图11-19所示。

图 11-19　结合其他 LoRA 模型生成的图像效果

第 12 章

原画场景的插画

在原画设计创作中，除了关键的人物角色设计之外，重要的还有场景设计。场景就是围绕在角色周围，与角色有关系的所有景物，即角色所处的生活场所、社会环境、自然环境以及历史环境，甚至包括作为社会背景出现的群众角色，都是场景设计的范围，是场景设计要完成的设计任务。

场景设计是原画设计中的重中之重。场景一般分为内景、外景和内外结合景。场景设计要完成的常规设计图包括：场景效果图、场景平面图、立面图、场景细部图、场景结构鸟瞰图，并且有时需要制作场景模型。场景设计在原画中产生着巨大的作用，场景能交代时空关系并且可以营造情绪氛围。场景刻画角色的起点首先应从角色的个性出发，确定场景的特征，运用造型各种因素和手段，形成场景形象，直接、正面表露性格、突出个性。然后，在比较和对比中找到差异，从而形成鲜明的个性特征，强化突出所表现的内容。场景设计中的最后一个作用是动作的支点。明确了场景设计在原画中的关键作用后，才会在设计中有大概的思路。

AI绘画的出现使得原画场景的绘制变得异常轻松，它能很快地为场景原画师和概念设计师生成一个效果不错的场景，因此受到了很多设计师的青睐。本章将学习如何使用两款AI绘画工具生成场景图。

12.1　运用Midjourney生成原画场景

因为Midjourney的方便快捷性，许多的原画场景设计师都会选择使用Midjourney来生成场景原画和概念场景。

例如，生成室外的场景。生成90年代电影场景的提示词为"Beijing Street in 1991, Commercial photography, film Set, Canon, HD --ar 16：9,"如图12-1所示。

图 12-1　90年代北京街头场景

游戏内经常有酒馆的元素，所以我们可以尝试用Midjourney生成一个酒馆的场景，提示词为"Medieval tavern, interior, warm light, Hearthstone style, Game scenes, CG--ar 16：9,"如图12-2所示。

图 12-2　生成的酒馆场景

生成类似于中国古代的场景原画，长安夜色如墨，星斗点缀苍穹，古城沉浸在梦幻的光影之中场景的提示词为"On the night of futuristic Chang'an, China, with fireworks in the sky, in the style of photorealistic cityscapes, Aerial view, panorama painting, intricated details, ethereal illustrations, dark cyan and light amber, detailed crowd scenes, romantic depictions of historical events，in the style of neocubism, realistic details,8K --ar 3：2,"效果如图12-3所示。

图 12-3　生成的长安夜色场景

生成慵懒的早晨小屋的场景提示词为"miyazaki hayao style, summertime, old school bathroom, toiletries on basin, small mirror on the wall, white tiles, light wood color cupboards, small house plants, watercolor, elegant use of negative space, high details, best quality,--s 250 --ar 16：9,"效果如图12-4所示。

图 12-4　生成的早晨小屋的场景

让Midjourney打造游戏场景可以输入。
提示词 "rural courtyard, orderly farmland
arrangement, with fences, ancient houses,
dirt roads, trees and flowers behind
the house, q-version characters are
presented in an isometric perspective in
the 2.5d healing game where you can grow
vegetables, the graphics are hand-drawn
and presented in a long scroll format at 16k
resolution,16k --ar 3：4，" 效果如图12-5
所示。

图 12-5　生成的游戏场景

生成像素风格游戏场景的提示词为 "Pixel art outside of a cozy cafe on a spring day, dot-matrix effect, sharp, intricate details --ar 16：9，" 效果如图12-6所示。

图 12-6　生成的像素风格场景

运用Midjourney的图生图功能对场景的色稿进行细化，可以为场景设计师提供细化的参考效果。效果如图12-7所示。

图12-7　色稿细化

可以看出Midjourney图生图细化的效果还是比较不错的，为场景原画师在原有的色稿下提供了不同的构图、视角和细化方面的参考。图生图细化的效果如图12-8所示。

图12-8　图生图细化的结果

小提示：Midjourney的图像生成问题

虽然Midjourney生成的场景大多效果都很好，色彩搭配舒适且细节丰富，但是也有一些透视和结构方面的不合理之处，所以需要场景原画师手动修改这些不合理的地方。但总的来说，Midjourney生成的原画场景优点大于缺点，这也是场景原画师们青睐它的原因。

除此之外，我们还可以在网络上找到很多风格的原画场景参考提示词，这些参考为场景设计师提供了有用且丰富的参考。如图12-9所示。

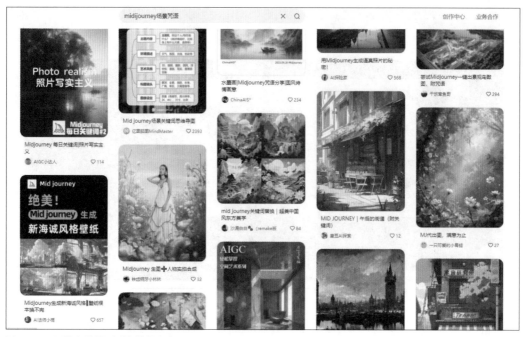

图 12-9　网络上的提示词和效果参考

12.2　运用Stable Diffusion生成原画场景

Stable Diffusion能对生成的原画场景进行细微修改，运用涂鸦重绘和局部重绘功能可以随意添加设计师们需要添加的部分。Stable Diffusion的图生图功能对色稿的细化控制能力比Midjourney的可控性强很多。图12-10所示的即为Stable Diffusion生成的场景效果。

图 12-10　Stable Diffusion 生成的场景效果

Stable Diffusion的场景生成与大模型有关，大模型包含了人物、动物和景物场景。特定风格的场景原画风格就选择风格接近的大模型即可，写实风格的游戏场景原画就选择写实的大模型，偏向二次元的场景原画风格就选择二次元风格的大模型，特别的风格可以用大模型结合LoRA模型的使用来达成相似的效果。如图12-11所示。

图 12-11　二次元大模型的场景风格

上页图12-10的大模型虽然也适用于二次元风格，但是色彩不够艳丽，光影偏向于写实的感觉。如果先要生成色彩丰富的图像，可以选择TMND-Mix这种色彩光影风格明亮欢快的大模型，提示词为"living room, modernism, hyper-realistic design, bedroom, sofa, open view, interior design, digital, illustration, architecture, home, peaceful, beautiful, cozy."反面提示词为"badhandv4, EasyNegative, verybadimagenegative_v1.3,illustration, 3d, sepia, painting, cartoons, sketch, (worst quality：2), (low quality：2), (normal quality：2), lowres, bad anatomy, normal quality, ((monochrome)), ((grayscale))"。

将Midjourney与Stable Diffusion结合使用，把Midjourney生成的图像放到Stable Diffusion图生图中再次生成，调整重绘幅度，就可以得到不同的参考结果。运用图生图的涂鸦重绘和局部重绘功能可以添加或者减少图中的元素。如图12-12所示。

图 12-12　Midjourney 与 Stable Diffusion 结合使用

　　也可以将Stable Diffusion生成的图像反推给Midjourney生成，最后再在Midjourney生成的图像中导出用户满意的一张，放入Stable Diffusion中进行修改。此方法通用于人物、动物和场景等。如图12-13所示。

图 12-13　将 Stable Diffusion 生成的图像反推给 Midjourney

第 13 章

Sora 的诞生：
AI 视频技术的革命之旅

    Sora是美国人工智能研究公司OpenAI发布的人工智能文生视频大模型（但OpenAI并未单纯将其视为视频模型，而是作为"世界模拟器"看待），于2024年2月15日（美国当地时间）正式对外发布。

    Sora通过接收简单的文本指令，就能生成长达60秒的视频，其中包含多角度镜头切换、复杂的视频场景、生动的角色表情等。

13.1 Sora的概念

Sora这一名称源于日文"空"（そら sora），即天空之意，以示其无限的创造潜力。Sora背后的技术是在OpenAI的文本到图像生成模型DALL-E的基础上开发而成。

美国当地时间2024年2月15日，OpenAI正式发布文生视频模型Sora，并发布了48个文生视频案例和技术报告，正式入局视频生成领域。Sora可以根据用户的文本提示创建最长60秒的逼真视频，"碾压"了行业目前大概平均4秒的视频生成长度。

Sora模型了解物体在物理世界中的存在方式，可以深度模拟真实物理世界，能生成具有多个角色、包含特定运动的复杂场景。继承了DALL-E 3的画质和遵循指令能力，Sora能理解用户在提示中提出的要求，例如在Sora中输入"Photorealistic closeup video of two pirate ships battling each other as they sail inside a cup of coffee."提示词，生成视频中的一帧如图13-1所示。

以上提示词的含义为"逼真的特写视频，展示两艘海盗船在一杯咖啡内航行时互相争斗的情况"。Sora根据提示词生成了逼真的视频，两艘海盗船随着咖啡的涌动而运动，这充分体现了Sora理解提示词和遵循指令生成视频的能力。

Sora能给需要制作视频的艺术家、电影制片人或学生带来无限可能，它是OpenAI"教AI理解和模拟运动中的物理世界"计划的其中一步，也标志着人工智能在理解真实世界场景并与之互动的能力方面实现飞跃。

电影、广告、动画制作等行业可以利用Sora快速产出预览或初步版本的内容，节省了大量的制作时间和成本。同时，Sora的多模态特性使得视频内容的创作更加灵活，创作者可以更容易地实现创意想法。Sora可以用于制作电影预告片、音乐视频、游戏预告等，提供更加丰富和吸引人的视觉体验。

在OpenAI官网发布的樱花街道视频，说明Sora可以把握三维空间，以及三维空间中的几何和物理世界之间的互动，如图13-2所示。

图 13-1 两艘海盗船在咖啡里航行

图 13-2 樱花街道视频的一帧

13.2 Sora的技术特点和工作原理

OpenAI公司发布的文生视频大模型Sora引发了全球关注，让科技界为之惊叹。本节我们将介绍Sora的技术特点和工作原理。

13.2.1 Sora 的技术特点

Sora不仅在核心技术和性能方面具有出色的表现，还具有优秀的兼容性和扩展性，能为用户提供高效、稳定、可靠和灵活的数据处理和分析解决方案。

（1）核心技术

Sora的核心技术主要是先进的机器学习算法和高效处理分析数据的能力。无论是在商业决策、科学研究还是其他领域，Sora的核心技术都能够为用户提供有力的支持。

Sora采用了最前沿的机器学习算法和数据挖掘技术，包括深度学习、神经网络、决策树和聚类分析等。这些算法能够自动学习和改进，处理各种类型和规模的数据。通过对大量的历史数据进行分析，Sora能够识别隐藏的模式和趋势，从而提供有深度的数据分析和预测。

Sora不仅可以进行基本的数据统计和报告生成，还能进行更复杂的数据分析，如趋势分析、预测建模和关联规则挖掘等。Sora强大的预测能力可以帮助企业做出更明智的决策，并且能优化业务流程，提高效率和盈利能力。此外，Sora还能为用户提供个性化的数据分析方案，满足不同行业和应用场景的需求。

Sora在数据处理方面同样表现出色，它充分利用了多线程和并行计算技术，这种技术能够将复杂的数据处理任务分解成多个小任务，并在多个处理器或线程上同时执行。这种高效的并行处理能力不仅提升了系统的整体性能，还大大提高了用户的工作效率。

除了多线程和并行计算技术，Sora还采用了优化的系统架构和高性能的数据库管理系统，以确保数据的快速访问和高效存储。

（2）性能

Sora的性能主要体现在快速响应和稳定可靠方面。

Sora具备强大的计算能力和数据处理机制，能够实时处理大规模数据，并在毫秒级别内响应查询和分析请求。这对于需要实时反馈和快速决策的应用场景，如金融交易、实时监控或者在线广告投放等，具有重要的意义。

Sora经过严格的测试和优化，不仅在算法和性能方面有着出色的表现，还具有高度的稳定性和可靠性。在高负载、大数据量或者长时间运行的情况下，Sora都能保持良好的运行状态，不容易出现系统崩溃或故障等情况，能为用户提供稳定、可靠的使用体验。

（3）兼容性

Sora在兼容性方面也表现出色。首先，Sora支持多种操作系统，包括Windows、MacOS和Linux等。这意味着无论用户使用的是哪种操作系统，都可以轻松安装和使用Sora，无需担心兼容性问题。

为了进一步提高Sora的灵活性和可扩展性，它提供了开放的API接口，允许用户和开发人员轻松地与其他系统和应用进行集成。这不仅有助于实现数据的无缝交换和共享，还为用户提供了更多的自定义和扩展选项，从而更好地适应特定的业务需求和应用场景。

13.2.2 Sora 的工作原理

Sora的工作原理主要基于扩散模型，这是一个源自统计物理学的概念。该模型利用一系列随机过程，能逐步将数据转换成随机噪声，然后通过逆过程学习从噪声中恢复原始数据的方法。下面介绍Sora的工作原理。

首先，Sora将训练的视频分割成碎片并将其作为基本单位，利用Visual encoder对输入的视频进行编码，也就是将分割的碎片压缩成低维向量，从中提取一系列碎片发送给Transformer，如图13-3所示。

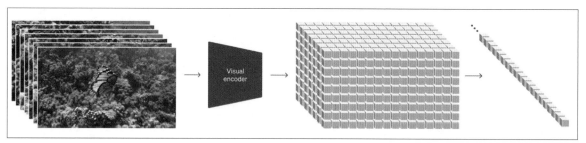

图 13-3 分割视频

实际生成视频时，用扩散模型逐步去噪还原成视频，如图13-4所示。它使用类似于GPT模型的变换器架构，这使得它能够处理更广泛的视觉数据，包括不同的持续时间、分辨率和宽高比。Sora还使用了DALL·E 3中的重述技术，为视觉训练数据生成高度描述性的字幕，从而使模型能够更忠实地遵循用户在生成视频中的文本指令。

图 13-4 还原视频

在此过程中，扩散模型也可以有效地缩放为视频模型。下面将展示在训练过程中具有固定种子和输入的视频样本的比较，会发现随着训练计算的增加，样本质量有显著提高。图13-5中，左图为基础计算的效果、中图为4倍计算的效果、右图为32倍计算的效果。

图13-5 随着计算增加，样本质量提高

13.3 Sora的功能和弱点

Sora是一款功能强大的技术产品，其核心功能是将文本描述转化为高质量的动态视频内容。用户只需输入简短的描述性提示，Sora便能迅速将这些想法转化为生动且富有细节的视频。Sora是一个复杂的系统，存在的弱点可能涉及技术实现的局限性、对特定类型内容的处理难度、计算资源的需求等方面。本节将介绍Sora的功能以及其生成视频的弱点。

13.3.1 Sora 的功能

Sora是一款多功能的人工智能工具，主要功能包括文本转视频、复杂场景和角色生成、生成多镜头和静态图片动态化。

（1）文本转视频

Sora是一个AI模型，可以根据文本指令创建现实且富有想象力的场景，其主要功能是根据文本创建视频。Sora可以生成长达一分钟的视频，同时保持视觉质量并遵守用户的提示，这意味着Sora生成的视频能承载更多的信息，且内容更为丰富，甚至达到了许多短视频平台发布内容的要求。

图13-6是Sora生成59秒视频中的一帧，生成该视频的提示词（翻译成中文）为"一位时尚女性走在充满温暖霓虹灯和动画城市标牌的东京街道上。她穿着黑色皮夹克、红色长裙和黑色靴子，拎着黑色钱包。她戴着太阳镜，涂着红色口红。她走路自信又随意。街道潮湿且反光，在彩色灯光的照射下形成镜面效果。许多行人走来走去"。

在视频中周围环境、灯光、路面上水的反射，以及人物特写都表现得很好，而且实现了连贯的场景切换。

（2）生成复杂场景和角色

Sora能够生成具有多个角色、特定类型的运动以及主体和背景具有准确细节的复杂场景。该模型不仅了解用户提出的要求，还了解生成视频中物体在物理世界中的存在方式。图13-7为镜头跟随着白色的越野车在山路上奔驰。

图13-6　街头漫步的时尚女性

图13-7　越野车在山路上奔驰

整个视频很真实并且连贯，汽车后面的灰尘，崎岖的小路，路边的草地和树，各种细节都很清晰。

（3）生成多镜头

Sora还可以在单个生成的视频中创建多个镜头，能在同一视频中保持角色和视觉风格的准确度。

图13-8为赛博朋克背景下机器人生活故事的视频，在前4秒里是正面的仰视镜头效果，接着切换为侧面俯视镜头效果。

（4）静态图片动态化

Sora不仅能够根据文本指令生成视频，还具

图13-8　多镜头视频

备根据静态图像生成视频的能力。Sora能够让图像内容动起来，并关注细节部分，使得生成的视频更加生动逼真。这一功能在动画制作、广告设计等领域具有应用前景。

13.3.2　Sora 的弱点

Sora作为一款先进的文生视频大模型，尽管在视频生成领域展现出了强大的能力，但仍然存在一些弱点。某些情况下，Sora可能无法准确模拟物理现象，如物体的运动轨迹、光影变化等。这可能导致生成的视频在某些细节上显得不自然或不符合物理规律。例如，一个人可能咬了一口饼干，但

之后饼干没有被咬的痕迹。

Sora在模拟真实世界的物理现象方面仍存在一定的局限性。例如，在一些演示视频中，Sora生成的场景或动作存在明显的物理不一致性，如物体运动不自然现象。Sora还可能混淆提示的空间细节，例如混淆左右，如图13-9所示。该视频的提示词为"Step-printing scene of a person running, cinematic film shot in 35mm"，表示"用35毫米胶片拍摄一个人跑步的逐帧场景"。

观看使用Sora生成的一个人跑步的视频时，会发现Sora不但混淆了左右，而且在跑步时人的身体也出现了不连贯的动作。

图 13-9　Sora 出现混淆左右的问题

目前的文图生成器对数字不够敏感，比如生成的手会出现6根手指的错误。Sora也是如此，在生成五只灰狼幼崽嬉戏的视频时，会在场景中自发生成狼崽。图13-10中的左图为视频2秒时的3只狼崽，右图为视频4秒时凭空出现了两只狼崽。

图 13-10　Sora 在数量上出现问题

在视频中交互物体时，Sora也会出现错误，例如发生物体没有完成交互，会悬空移动的奇怪现象。图13-11中Sora未能将椅子建模为刚性物体，导致物理交互不准确。

该视频的提示词为 "Archeologists discover a generic plastic chair in the desert, excavating and dusting it with great care"，含义为"考古学家在沙漠中发现了一把普通的塑料椅子，他们小心翼翼地挖掘并除尘"。

图 13-11　交互不准确的现象

在模拟复杂场景的物理规律时Sora可能也会遇到困难，会无法理解特定事件的因果关系。例如，一个老奶奶产生了吹蜡烛的动作，但蜡烛没有任何变化，如图13-12所示。

图 13-12　Sora 无法理解因果关系